数控宏程序经典实例详解

主　编　史　磊　贺陈挺　张　廷
副主编　杜立波　鲁国军　张结琼　马　潮
参　编　贾　斌　毛　军　褚佳琪　金　江
　　　　曹　杰　张　建　杨贵良　任珠峰
　　　　陈良峰　沈　梁

机 械 工 业 出 版 社

本书共 9 章，以具体的零件加工为主线，循序渐进地讲解 FANUC 数控系统的宏程序编写过程与技巧。第 1 章介绍了宏程序编程的基本要点。第 2 章介绍了各类二次曲线宏程序编程在数控车床宏程序中的应用。第 3 章介绍了各类复杂非标准螺纹宏程序编程在数控车床宏程序中的应用。第 4 章介绍了宏程序编程在数控铣床钻孔中的应用。第 5 章介绍了宏程序编程在数控铣床平面轮廓加工中的应用。第 6 章介绍了宏程序编程在数控铣床曲面加工中的应用。第 7 章介绍了各类二次曲线宏程序编程在数控铣床宏程序中的应用。第 8 章介绍了宏程序编程在加工中心四轴加工中的应用。第 9 章介绍了各类车铣复合宏程序编程在车削中心中的应用。本书提供从两轴加工到四轴加工的宏程序经典实例。

本书可作为数控技术专业学生用书，也可供企业从事数控工作的技术人员参考。

图书在版编目（CIP）数据

数控宏程序经典实例详解/史磊，贺陈挺，张廷主编. —北京：机械工业出版社，2018.12

ISBN 978-7-111-61697-9

Ⅰ. ①数… Ⅱ. ①史… ②贺… ③张… Ⅲ. ①数控机床-车床-程序设计 Ⅳ. ①TG519. 1

中国版本图书馆 CIP 数据核字（2019）第 000705 号

机械工业出版社（北京市百万庄大街 22 号　邮政编码 100037）
策划编辑：周国萍　责任编辑：周国萍　章承林
责任校对：樊钟英　封面设计：马精明
责任印制：张　博
唐山三艺印务有限公司印刷
2019 年 4 月第 1 版第 1 次印刷
169mm×239mm · 15.5 印张 · 296 千字
0001—3000 册
标准书号：ISBN 978-7-111-61697-9
定价：49.00 元

凡购本书，如有缺页、倒页、脱页，由本社发行部调换
电话服务　　　　　　　　　　网络服务
服务咨询热线：010-88361066　机 工 官 网：www.cmpbook.com
读者购书热线：010-68326294　机 工 官 博：weibo.com/cmp1952
　　　　　　　　　　　　　　金 书 网：www.golden-book.com
封面无防伪标均为盗版　　教育服务网：www.cmpedu.com

前　　言

自 20 世纪 50 年代初，美国麻省理工学院成功研制出全球第一台三坐标数控铣床至今已有 60 多年的时间。数控编程技术随着时代的发展也变得更加的便捷。当前大多数的数控系统可采用手工编程、交互式编程或 CAM 软件编程三种编程方式进行零件的加工。

宏程序作为手工编程中的一种数控加工程序，为程序开发提供了一种新的方式，并可以作为其他编程方式的补充。

在数控编程中，利用宏程序能让程序变得更加灵活与简洁。宏程序与普通程序的不同就在于它可以进行数值计算、逻辑判断、系统控制等。宏程序主要针对复杂零件的加工，如曲面、曲线、型腔、固定循环等。

针对某些零件，利用宏程序可以把几十条甚至上百条的程序简化成几条程序。当今在自动编程软件日益流行之际，人们觉得手工编程似乎显得"无用武之地"，但是针对某些特殊零件的加工，宏程序还是有其一定优势的，也是自动编程无法替代的，所以说宏程序在我们的工作当中还是起着很重要的作用。

本书提供了几乎涵盖所有 FANUC 数控系统从两轴加工到多轴加工的宏程序实例。所有不同的控制器所使用的宏程序在编程方法上是一致的，只是在使用的语法上有差异。学习 FANUC 数控系统宏程序对读者学习其他控制器的宏程序有很大的帮助。

本书共 9 章，以具体的零件加工为主线，循序渐进地讲解 FANUC 数控系统的宏程序编写过程与技巧。第 1 章介绍了宏程序编程的基本要点。第 2 章介绍了各类二次曲线宏程序编程在数控车床宏程序中的应用。第 3 章介绍了各类复杂非标准螺纹宏程序编程在数控车床宏程序中的应用。第 4 章介绍了宏程序编程在数控铣床钻孔中的应用。第 5 章介绍了宏程序编程在数控铣床平面轮廓加工中的应用。第 6 章介绍了宏程序编程在数控铣床曲面加工中的应用。第 7 章介绍了各类二次曲线宏程序编程在数控铣床宏程序中的应用。第 8 章介绍了宏程序编程在加工中心四轴加工中的应用。第 9 章介绍了各类车铣复合宏程序编程在车削中心中的应用。本书提供从两轴加工到四轴加工的宏程序经典实例。

本书第 1 章由张廷、沈梁、毛军编写，第 2 章和第 3 章由史磊、张建、金江、曹杰编写，第 4 章、第 5 章、第 6 章由贺陈挺、杜立波、张廷、马潮、贾斌、杨贵良编写，第 7 章由褚佳琪、张结琼、沈梁、任珠峰编写，第 8 章由杜立波、张廷、陈良峰编写，第 9 章由鲁国军、史磊编写。

本书可作为数控技术专业学生用书，也可供企业从事数控工作的技术人员参考。

由于作者水平有限，书中难免尚存一些不足之处，恳请读者批评指正。

编　者

2018 年 3 月

目　　录

第1章 宏程序入门

本章内容提要

本章将通过学习宏程序编程，解析宏程序基本的知识点要求。

1.1 宏程序概述

1.1.1 宏程序的基本概念

以一组子程序的形式存储并带有变量的程序称为用户宏程序，简称宏程序。宏程序是一种零件编程的方法，该方法是在标准 CNC 手工编程的基础上附加控制特征，可使程序功能更强大、灵活。调用宏程序的指令称为"用户宏程序指令"，或宏程序调用指令（简称宏指令）。

宏程序与普通程序相比，普通程序的字为常量，一个程序只能描述一个几何形状，所以缺乏灵活性和适用性；而在宏程序的本体中，可以使用变量进行编程，也可以用宏指令对这些变量进行赋值、运算等处理，通过使用宏程序能执行一些有规律变化（如非圆二次曲线轮廓）的动作。

1.1.2 宏程序的使用范围

其实宏就是用公式来加工零件的，比如椭圆，如果没有宏，则要逐点算出曲线上的点，然后用直线来慢慢逼近，如果是个表面粗糙度值要求很小的工件，则需要计算很多的点，可是应用了宏后，把椭圆公式输入系统中，然后给出 Z 坐标并且每次加 0.01mm，那么宏就会自动算出 X 坐标并且进行切削。因此，实际上宏在程序中主要起到的是运算作用。

宏一般分为 A 类宏和 B 类宏。A 类宏是以"G65H×× P#×× Q#×× R#××"的格式输入的；而 B 类宏程序则是以直接的公式和语言输入的，和 C 语言很相似，在 FANUC－0i 数控系统中应用比较广。

宏程序主要应用在以下几个方面：

（1）相似系列零件的加工 同一类相同特征、不同尺寸的零件，给定不同的参数，使用同一宏程序就可以加工，编程得到大幅度简化。

（2）实现特定的插补功能 对于椭圆、双曲线、抛物线、螺旋线、正（余）弦曲线等可以用数学公式描述的非圆曲线的加工（图1-1），数控系统一般没有这样的插补功能，但是应用宏程序功能可以将这样的非圆曲线用非常微小的直线段或圆弧段拟合加工，从而得到满足精度要求的非圆曲线。

图1-1 插补功能加工零件图

（3）实现特定的机床辅助动作 如换刀（图1-2）、换附件头、多点定向、路径间轴分配实时参数修订等。

（4）实现在线检测 在零件加工的生产线或无人加工车间，程序中必须对零件的关键尺寸进行直接检查与调整，当刀具磨损或其他原因，达不到期望的尺寸时，需要进行修正，这时使用检测装置在线检测能够解决以上问题。图1-3所示为测头和接触式传感器。

图1-2 换刀辅助

图1-3 测头和接触式传感器

1.1.3 宏程序的特点

普通编程只能使用常量，常量之间不能运算，程序只能顺序执行，不能跳转。宏程序编程与普通程序编制相比有以下特点：

（1）可以使用变量 可以在宏程序中使用变量，使得程序更具有通用性。当同类零件的尺寸发生变化时，只需要更改程序中变量的值即可，而不需要重新编制程序。

（2）可对变量赋值 可以在宏程序中对变量进行赋值或在变量设置中对变量赋值，使用者只需要按照要求使用，而不必去理解整个程序内部的结构。

（3）变量间可进行演算 在宏程序中可以进行变量的四则运算和算术逻辑运算，从而可以加工出非圆曲线轮廓和一些简单的曲面。

（4）程序运行可以跳转 在宏程序中可以改变控制执行顺序。

此外，宏程序还有自身的优点，主要如下：

（1）长远性 数控系统中随机携带有各种固定循环指令，这些指令是以宏程序为基础开发的通用的固定循环指令。通用循环指令有时对于某一类零件的实际加工并不一定能满足加工要求，对此可以根据加工零件的具体特点，量身定制出适合这类零件特征的专用程序，并固化在数控系统内部。对于这种专用的程序可以像使用普通固定循环指令一样调用，使数控系统增加了专用的固定循环指令，只要这一类零件继续生产，这种专用固定循环指令就可以一直存在并长期应用，因此，数控系统的功能得到了增强和扩大。

（2）简练性 在质量上，自动编程生成的加工程序基本由 G00、G01、G02/G03 等简单指令组成，数据大部分是离散的小数点数据，难以分析、判别和查找错误，程序长度要比宏程序长几十倍甚至几百倍，不仅占用宝贵的存储空间，而且加工时间也要长得多。

（3）智能性 宏程序是数控加工程序编制的高级阶段，程序编制的质量与编程人员的素质息息相关。高素质的编程人员在宏程序的编制过程中可以融入积累的工艺经验技巧，考虑轮廓要素之间的数学关系，应用适当的编程技巧，使程序非常精练，并且加工效果好。宏程序是由人工编制的，必然包含人的智能因素，宏程序中应考虑各种因素对加工过程及精度的影响。

1.1.4 注意事项

宏程序是强大的，可以用它进行更智能的控制加工，用它来防止出错，以及用它进行刀具管理功能的扩展等。

虽然宏程序很强大，但是为了保证宏程序的正常运行，在使用宏程序的过程中，有很多注意事项：

1）在 FANUC 数控系统中"#"作为变量的标志，后面的数值作为变量标号，用来区分各个变量，其数据不允许带小数点。如"#3"正确，"#13."不正确。

2）如果用于各算术运算的 Q 或 R 未被指定，则作为 0 处理。

3）在分支转移目标地址中，如果序号为正值，则检索过程是先向大程序号查找；如果序号为负值，则检索过程是先向小程序号查找。

4）转移目标序号可以是变量。例如"IF［#2GT#3］GOTO#10"。

5）程序号、顺序号及其任选程序段跳转号不能使用变量。例如：

O#1；

/#2 G00 X100.0；

N#3 Y200.0；

这样是不允许的。

6）当引用未定义的变量时，变量及地址字都被忽略。例如：当变量#1 的值是 0 并且变量#2 的值是空时，G00X#2Y#3 的执行结果为 G00X0。在使用 EQ 或 NE 的条件表达式中，＜空＞和零有不同的效果。在其他形式的条件表达式中，＜空＞被当作 0。

7）Ⅰ类变量可以和Ⅱ类变量混合使用，CNC 内部会通过顺序自动判断。如果赋值重复，则最后面一个赋值有效。例如：

G65 A1.0 B2.0 I–3.0 I4.0 D5.0 P1000

变量：#1：1.0 #2：2.0 #4：–3.0 #7：4.0 #7：5.0

8）Ⅰ类变量中除 G、P、O、L、N 五个字母不能作为自变量，其他的大部分字母赋值没有顺序要求，但是对 I、J、K 必须按顺序赋值。例如：

B43. A2. D6. I12. J36. 正确

D4. F600. K6. I9. A8. 不正确

1.2 宏程序的基本数学知识

宏程序的应用离不开相关的数学知识，其中三角函数、解析几何是最重要、最直接的数学基础，要编制出精简的加工用宏程序，一方面要求编程者具有相应的工艺知识和经验，即确定合理的刀具、走刀路线（或走刀方式）；另一方面也要求编程者具有相应的数学知识，即如何将上述的意图通过逻辑严密的数学语言，配合标准的格式语句加以表达出来。

在宏程序编程应用中，应充分了解曲线的标准方程和参数方程的转换。由于非圆曲线采用的编程均是参数方程，因此本节使用图形、表格的形式简单总结一下椭圆、双曲线、抛物线三种常用曲线的标准方程及参数方程。

二次曲线的定义：从动点 P 到定点 F 的距离 PF 与到定直线的距离 PH 之比为定值 e，即从动点到定点（焦点）的距离与到定直线（准线）的距离的商是

常数 e（离心率）的点的轨迹。当 $e>1$ 时，为双曲线的一支；当 $e=1$ 时，为抛物线；当 $0<e<1$ 时，为椭圆；当 $e=0$ 时，为一点。

此时，定点 F 称为焦点，定直线称为准线。椭圆和双曲线称为有心二次曲线，抛物线称为无心二次曲线。

二次曲线在立体几何上都是由一平面以不同角度与标准圆锥面相割而得到的截面线，又称之为圆锥曲线。在工程实践中，二次曲线的应用非常广泛，在此不再赘述。

1.2.1 椭圆

（1）椭圆的定义 平面内与两个定点 F_1、F_2 的距离的和等于常数（大于 $|F_1F_2|$）的点的轨迹。其中，这两个定点叫作椭圆的焦点，两焦点间的距离叫作焦距。

注意：$2a>|F_1F_2|$ 表示椭圆；$2a=|F_1F_2|$ 表示线段 F_1F_2；$2a<|F_1F_2|$ 没有轨迹。

（2）椭圆的标准方程、图形及几何性质 见表1-1。

表1-1 椭圆的标准方程、图形及几何性质

	中心在原点，焦点在 x 轴上	中心在原点，焦点在 y 轴上
标准方程	$\dfrac{x^2}{a^2}+\dfrac{y^2}{b^2}=1(a>b>0)$	$\dfrac{y^2}{a^2}+\dfrac{x^2}{b^2}=1(a>b>0)$
图形		
顶 点	$A_1(-a,0),A_2(a,0)$ $B_1(0,-b),B_2(0,b)$	$A_1(-b,0),A_2(b,0)$ $B_1(0,-a),B_2(0,a)$
对称轴	x 轴，y 轴；短轴长为 $2b$，长轴长为 $2a$	
焦 点	$F_1(-c,0),F_2(c,0)$	$F_1(0,-c),F_2(0,c)$
焦距	$|F_1F_2|=2c(c>0)$，$c^2=a^2-b^2$	
离心率	$e=\dfrac{c}{a}(0<e<1)$（离心率越大，椭圆越扁）	
准线	$x=a^2/c$，$x=-a^2/c$	$y=a^2/c$，$y=-a^2/c$
第二定义	椭圆上任意一点到一焦点的距离与其对应的准线（同在 y 轴一侧的焦点与准线）对应的距离比为离心率	
通径	$\dfrac{2b^2}{a}$（过焦点且垂直于对称轴的直线夹在椭圆内的线段）	

根据椭圆的标准方程，结合数控车床的坐标系，椭圆在数控车时的方程变为

$$\frac{x^2}{b^2} + \frac{z^2}{a^2} = 1$$

对公式进行变换，得到 x 和 z 之间的直接关系。推导过程如下：

$$\frac{x^2}{b^2} = 1 - \frac{z^2}{a^2}$$

$$\frac{x^2}{b^2} = \frac{a^2 - z^2}{a^2}$$

$$x^2 = \frac{b^2(a^2 - z^2)}{a^2}$$

$$x = \frac{b}{a}\sqrt{a^2 - z^2}$$

将 x 用变量#1 表示，z 用变量#2 表示，用宏程序语言即参数编程可表示为

$$\#1 = b * \mathrm{SQRT}[a * a - \#2 * \#2]/a$$

（3）椭圆的参数方程

$$\begin{cases} x = a\cos\alpha \\ y = b\sin\alpha \end{cases}$$

同理，在数控车床坐标系里可演变为

$$\begin{cases} z = a\cos\alpha \\ x = b\sin\alpha \end{cases}$$

将角度用变量#1 表示，x 坐标用变量#2 表示，z 坐标用变量#3 表示，用宏程序语言即参数编程也可表示为

$$\#2 = a * \cos[\#1], \quad \#3 = b * \sin[\#1]$$

1.2.2 双曲线

（1）双曲线的定义　平面内与两个定点 F_1、F_2 的距离的差的绝对值等于常数（小于 $|F_1F_2|$）的点的轨迹。其中，这两个定点叫作双曲线的焦点，两焦点间的距离叫作焦距。

注意：$|PF_1| - |PF_2| = 2a$ 与 $|PF_2| - |PF_1| = 2a(2a < |F_1F_2|)$ 表示双曲线的一支；$2a = |F_1F_2|$ 表示两条射线；$2a > |F_1F_2|$ 没有轨迹。

（2）双曲线的标准方程、图形及几何性质　见表1-2。

表1-2 双曲线的标准方程、图形及几何性质

	中心在原点，焦点在 x 轴上	中心在原点，焦点在 y 轴上
标准方程	$\dfrac{x^2}{a^2} - \dfrac{y^2}{b^2} = 1\,(a > 0, b > 0)$	$\dfrac{y^2}{a^2} - \dfrac{x^2}{b^2} = 1\,(a > 0, b > 0)$
图形		
顶点	$A_1(-a, 0)$，$A_2(a, 0)$	$B_1(0, -a)$，$B_2(0, a)$
对称轴	x 轴，y 轴；虚轴长为 $2b$，实轴长为 $2a$	
准线	$x = a^2/c$，$x = -a^2/c$	$y = a^2/c$，$y = -a^2/c$
第二定义	抛物线上任意一点到一焦点的距离与其对应的准线（同在 y 轴一侧的焦点与准线）对应的距离比为离心率	
焦点	$F_1(-c, 0)$，$F_2(c, 0)$	$F_1(0, -c)$，$F_2(0, c)$
焦距	$\lvert F_1 F_2 \rvert = 2c\ (c > 0)$，$c^2 = a^2 + b^2$	
离心率	$e = \dfrac{c}{a}\ (e > 1)$（离心率越大，开口越大）	
渐近线	$y = \pm \dfrac{b}{a} x$	$y = \pm \dfrac{a}{b} x$
通径	$\dfrac{2b^2}{a}$	

根据双曲线的标准方程，结合数控车床的坐标系，双曲线在数控车时的方程变为

$$\frac{x^2}{b^2} - \frac{z^2}{a^2} = 1$$

对公式进行变换，得到 x 和 z 之间的直接关系。推导过程如下：

$$\frac{x^2}{b^2} = 1 + \frac{z^2}{a^2}$$

$$\frac{x^2}{b^2} = \frac{a^2 + z^2}{a^2}$$

$$x^2 = \frac{b^2(a^2 + z^2)}{a^2}$$

$$x = \frac{b}{a}\sqrt{a^2 + z^2}$$

将 x 用变量#1 表示，z 用变量#2 表示，用宏程序语言即参数编程可表示为

$$\#1 = b * SQRT[a * a + \#2 * \#2]/a$$

1.2.3　抛物线

（1）抛物线的定义　平面内与一个定点的距离和一条定直线的距离相等的点的轨迹。其中，定点为抛物线的焦点，定直线叫作准线。

（2）抛物线的标准方程、图形及几何性质　见表 1-3。

表 1-3　抛物线的标准方程、图形及几何性质

	焦点在 x 轴上，开口向右	焦点在 x 轴上，开口向左	焦点在 y 轴上，开口向上	焦点在 y 轴上，开口向下
标准方程	$y^2 = 2px$	$y^2 = -2px$	$x^2 = 2py$	$x^2 = -2py$
图形				
顶点	$O(0,0)$			
对称轴	x 轴		y 轴	
焦点	$F\left(\dfrac{p}{2},0\right)$	$F\left(-\dfrac{p}{2},0\right)$	$F\left(0,\dfrac{p}{2}\right)$	$F\left(0,-\dfrac{p}{2}\right)$
离心率	$e = 1$			
准线	$x = -\dfrac{p}{2}$	$x = \dfrac{p}{2}$	$y = -\dfrac{p}{2}$	$y = \dfrac{p}{2}$
通　径	$2p$			
焦半径	$\|PF\| = \|y_0\| + \dfrac{p}{2}$		$\|PF\| = \|y_0\| + \dfrac{p}{2}$	
焦距	p			

根据抛物线的标准方程，结合数控车床的坐标系，抛物线在数控车时的方程变为

$$x^2 = 2pz$$

对公式进行变换，得到 x 和 z 之间的直接关系。推导过程如下：

$$x = \pm \sqrt{2pz}$$

x 取正值，即

$$x = \sqrt{2pz}$$

将 x 用变量#1 表示，z 用变量#2 表示，用宏程序语言即参数编程可表示为

$$\#1 = SQRT[\,2 * p * \#2\,]$$

1.3　变量、常量、运算函数及常用逻辑语句

1.3.1　常量、变量的概念

在机械加工领域，如果工艺是最基本最重要的元素，那么在宏程序领域，变量就是最基本最重要的。在讲解变量之前，先了解一下常量的概念。

所谓常量，可以通俗地理解为一个不会变化的阿拉伯数字。比如数字 1、12.21、452 等，它们自身是不会变化的，是多少就多少。可能有读者会问：那么 1 + 2 = 3，这不是变化了吗？但仔细一想就知道，这个数字 "3" 是两个常量 1、2 相加的结果，但 1、2 自身并没有因为相加而发生变化。

下面介绍一下变量。

其实变量，它不是一个具体的数字，而是一个代号。比如 "李四" 这个名字，它不能简单理解为某一个人，因为全国有很多人都叫 "李四"。所以代号里面的内容是不确定的。那么在数控系统中（FANUC）该如何表示变量呢？输入 "李四" 肯定是无效的，必须输入系统能够识别的 "语言"。在数控系统中，变量用符号 "#" 来表示，后面再跟上序号，比如#1、#2、#3 等，这些序号用来区别变量的属性，比如#1 与#500，序号的不同属性也是不同的，这个在后面的章节会解释。

1.3.2　变量的表示和使用

（1）变量的表示　变量符号（#）＋变量号

$$\#I(I = 1,2,3,\cdots)或\#[\,<式子>\,]$$

例如：#5，#109，#501，#[\,\#1 + \#2 - 12\,]。

（2）变量的使用

1）表达式也可以用于指定变量号，需封闭在括号中。

例如：#[\,\#2 - 1\,]，#[\,\#500/2\,]。

2）变量号可用变量代替。

例如：#[\,\#30\,]，设#30 = 3，则为#3。

3）变量不能使用地址 O、N、I。

例如：下述表示方法不允许

O#1；

I#2 6.00 * 100.0；

N#3 Z200.0；

4）变量号所对应的变量，对每个地址来说都有具体数值范围。

例如：#30 = 1100 时，则 M#30 是不允许的。

5）#0 为空变量，没有定义变量值的变量也是空变量。

6）变量值的定义：程序定义时可省略小数点。例如：#123 = 149。

1.3.3 变量的种类

变量的种类见表1-4。

表1-4 变量的种类

变量号	变量类型	用 途
#0、#3100	空变量	总为空
#1 ~ #33	局部变量	只能用在当前宏程序中存储变量，断电后数据初始化
#100 ~ #199 #500 ~ #999	公共变量	在不同的程序中意义相同，各宏程序公用断电后，#100 ~ #199 初始化为空，#500 ~ #999 数据保存
#1000 ~	系统变量	可用于读写 CNC 运行时的各种数据

1.3.4 算术运算命令

1. 加减乘除

加减乘除见表1-5。

表1-5 加减乘除

种 类	符 号	格 式
加法	+	#i = #j + #k
减法	−	#i = #j − #k
乘法	*	#i = #j * #k
除法	/	#i = #j/#k

2. 三角函数

三角函数见表1-6。

表 1-6　三角函数

种　类	符　号	格　式	结　果
正弦	SIN	$\#i = SIN[\theta]$	c/a
余弦	COS	$\#i = COS[\theta]$	b/a
正切	TAN	$\#i = TAN[\theta]$	c/b
反正弦	ASIN	$\#i = ASIN[c/a]$	θ
反余弦	ACOS	$\#i = ACOS[b/a]$	θ
反正切	ATAN	$\#i = ATAN[c/b]$	θ

提示：三角函数的角度单位为度。例如：90°30′表示为 90.5。

在使用反三角函数时需要考虑它的取值范围，见表 1-7。

表 1-7　反三角函数的取值范围

函　数	No. 6004#0 = 0	No. 6004#0 = 1
ATAN	0 ~ 360	− 180 ~ + 180
ASIN	270 ~ 90	− 90 ~ 90
ACOS	180 ~ 0	

3. 数据处理

数据处理见表 1-8。

表 1-8　数据处理

种　类	函　数　名	格　式
下取整	FIX	$\#i = FIX[\#]$
上取整	FUP	$\#i = FUP[k]$
四舍五入	ROUND	$\#i = ROUND[\#k]$
绝对值	ABS	$\#i = ABS[\#k]$

下取整（FIX）：舍去小数点以下部分。

上取整（FUP）：将小数后部分进位到整数部分。

四舍五入（ROUND）：在算术运算或逻辑运算指令中使用时，在第 1 个小数位置四舍五入；在 NC 语句地址中使用时，根据地址的最小设定单位将指定值四舍五入。

以下取变量值#1，通过与#2 = 1.2346 及#2 = − 1.6794 运算后举例，计算相应的变量值#1，见表 1-9。

表 1-9 变量值运算举例

运算指令	#2 = 1.2346 时	#2 = −1.6794 时
#1 = FIX[#2]	1.0	−1.0
#1 = FUP[#2]	2.0	−2.0
#1 = ROUND[#2]	1.0	−2.0
#1 = ABS[#2]	1.2346	1.6794
G01 X[ROUND[#2]];	G01 X1.235	G01 X−1.679

4. 其他函数

其他函数见表 1-10。

表 1-10 其他函数

种 类	函 数 名	格 式
平方根	SQRT	#i = SQRT[#k]
自然对数	LN	#i = LN[#k]
指数函数	EXP	#i = EXP[#k]

1.3.5 转移与循环指令

在程序中，使用 GOTO 语句和 IF 语句可以改变控制执行顺序。有三种转移和循环操作可供使用，即 GOTO 语句（无条件转移指令）、IF 语句（条件转移指令）和 WHILE 语句（循环指令）。

1. 无条件转移指令

格式：GOTO + 目标程序段号（不带 N）；

无条件转移指令用于无条件转移到指定程序段号的程序段开始执行，可用表达式指定目标程序段号。

例如：GOTO 10；（转移到顺序号为 N10 的程序段）

例如：#100 = 20

GOTO #100；（转移到由变量#100 指定的程序段号为 N20 的程序段）

2. 条件转移指令

格式：IF[<条件表达式>] GOTO n；

若满足 <条件表达式>，下步操作转移到程序段号为 n 的程序段去；若不满足，执行下个程序段。

格式：IF[<条件表达式>] THEN …；

若满足 <条件表达式>，执行 THEN 后的宏程序语句，只执行一个语句。

IF GOTO 结构的有条件转移	IF THEN 结构的语句
#100 = #4006　检查当前单位	#100 = #4006
IF［#100EQ20.0］GOTO 20	IF［#100EQ20.0］THEN #100 = 0.1
IF［#100EQ21.0 GOTO 21	IF［#100EQ21.0］THEN #100 = 2.0
N20 #100 = 0.1	……
GOTO 999	
N21 #100 = 2.0	
N999	
……	

条件表达式见表1-11。

表1-11　条件表达式

条件表达式	含　义	英　文
#jEQ#k	#j = #k	EQual
#jNE#k	#j ≠ #k	Not Equal
#jGT#k	#j > #k	Greater Than
#jLT#k	#j < #k	Less Than
#jGE#k	#j ≥ #k	Greater or Equal
#jLE#k	#j ≤ #k	Less or Equal

提示：#j 和#k 也可用 < 条件表达式 > 来代替。

例如：IF［#1GT10］GOTO 100；

　　　…

　　　N100 G00 G91 X10；

例如：运用条件转移语句编写求 1～10 各整数之和的宏程序。

思路：

步骤1：使变量#1 = 0。

步骤2：使变量#2 = 1。

步骤3：计算#1 + #2，和仍然储存在变量#1 中，可表示为#1 = #1 + #2。

步骤4：使#2 的值加 1，即#2 = #2 + 1。

步骤5：如果#2≤10，返回重新执行步骤 3 以及其后的步骤 4 和步骤 5，否则结束执行。

```
O100；
#1 = 0；
#2 = 1；
N1 IF［#2GT10］GOTO 2；
#1 = #1 + #2；
#2 = #2 + 1；
GOTO 1；
N2 M30；
```

3. 循环指令

格式：（当前值）=（初值）；

WHILE［（当前值）比较（目标值）］DO m；

（执行循环操作）；

（当前值）=（当前值）±1；END m；

说明：

1）当条件满足时，执行 DO m 到 END m 的程序段；当条件不满足时，执行 END m 之后的程序段。

2）识别号（1，2，3）可多次使用，如图 1-4 所示。

3）DO 的区域不能交叉，如图 1-5 所示。

图 1-4　识别号（1，2，3）可多次使用　　图 1-5　DO 的区域不能交叉

4）DO 一定要在 END 之前规定，如图 1-6 所示。

5）DO 循环可以嵌套 3 级，如图 1-7 所示。

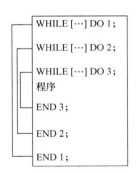

图 1-6　DO 一定要在 END 之前规定　　图 1-7　DO 循环可以嵌套 3 级

6）可以从 DO 区域的内部向外部转移，如图 1-8 所示。

7）不可以从 DO 区域的外部向内部转移，如图 1-9 所示。

例如：运用循环语句编写求 1～10 各整数之和的宏程序。

O0001；

#1 = 0；

#2 = 1；

图 1-8　可以从 DO 区域的内部
向外部转移

图 1-9　不可以从 DO 区域的外部
向内部转移

WHILE［#2LE10］DO 1；

#1 = #1 + #2；

#2 = #2 + 1；

END 1；

M30；

例如：试编制计算 12 + 12 + 12 + 12 + ⋯ + 12 值的宏程序。

使用循环指令编程如下：

……

#1 = 0；

#2 = 1；

WHILE［#2LE10］DO 1；

#1 = #1 + #2 * #2；

#2 = #2 + 1；

END 1；

……

如果使用条件转移指令编程，程序如下：

……

N10 #1 = 0；

N20 #2 = 1；

N30 #1 = #1 + #2 * #2；

N40 #2 = #2 + 1；

N50 IF［　　］GOTO 30；

……

　　数控系统为用户配备了强有力的类似于高级语言的宏程序功能，用户可以使用变量进行算术运算、逻辑运算和函数的混合运算，此外宏程序还提供了循环语句、分支语句和子程序调用语句，利于编制各种复杂的零件加工程序，减少乃至免除手工编程时进行烦琐的数值计算，以及精简程序量。

　　宏程序指令适合抛物线、椭圆、双曲线等没有插补指令的曲线编程；适合图形一样，只是尺寸不同的系列零件的编程；适合工艺路径一样，只是位置参数不同的系列零件的编程。宏程序可较大地简化编程，扩展应用范围。

第2章 数控车宏程序之二次曲线加工实例

本章内容提要

　　本章将通过数控车加工二次曲线实例，介绍各类二次曲线宏程序编程在数控车宏程序中的应用。这些实例的编程都是经典例题，在二次曲线加工中也是较为常见的加工任务，因此，熟练掌握宏程序编程在二次曲线加工中的应用是学习宏程序编程最基本的要求。

2.1 椭圆各类型编程思路与程序解析

2.1.1 零件图及加工内容

　　加工零件如图 2-1 所示，毛坯为 $\phi65\,\text{mm} \times 120\,\text{mm}$，材料为 45 钢，以零件右端为例，试编写数控车的椭圆宏程序。

2.1.2 零件图的分析

　　该实例要求加工编程前需要考虑以下几点：

　　（1）机床的选择　根据毛坯以及加工图样的要求宜采用车削加工，选择数控车床，机床系统选择 FANUC 0i TF 数控系统。

　　（2）装夹方式　从加工的零件来分析，采用自定心卡盘进行装夹，保证夹持后坯料伸出长度大约为 76mm，并采用一夹一顶方式保证零件的刚性，装夹方式如图 2-2 所示。

　　（3）任务准备单　见表 2-1。

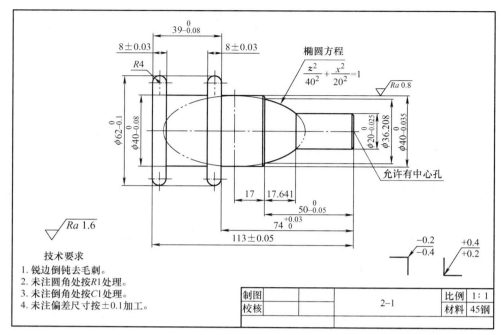

图 2-1　加工零件

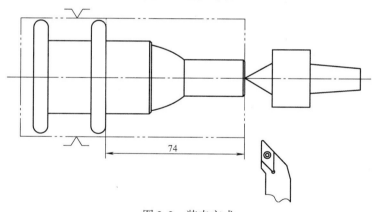

图 2-2　装夹方式

表 2-1　任务准备单

任务名称		椭圆车削		图号			2-1	
一、设备、附件、材料								
序号	分类	名称	尺寸规格	单位	数量		备　注	
1	设备	数控车床		台	1			
2	附件	自定心卡盘	200mm	套	1			
3	材料	45 钢	ϕ65mm×120mm	件	1			

017

（续）

二、刀具、量具、工具

序号	分类	名称	刀片规格	单位	数量	图片备注
1	刀具	外圆车刀	VMMG160404	把	1	
		端面车刀	CNMG120404	把	1	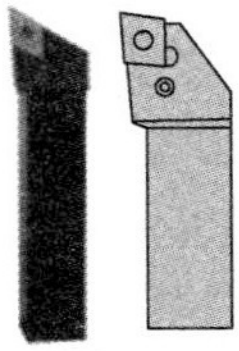
2	量具	游标卡尺	0～150mm	把	1	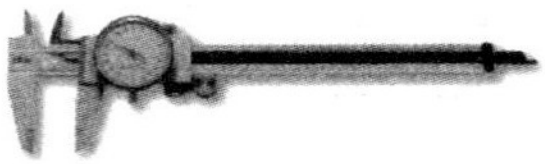
		深度卡尺	0～150mm	把	1	
		百分表		只	1	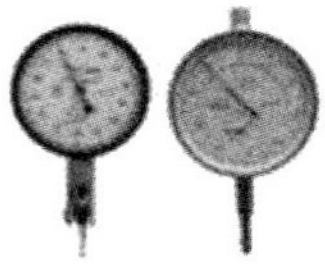
3	工具	刮刀		把	1	
		垫刀片		套	1	
		铜片		片	若干	
4	其他	工作服		套	1	
		护目镜		副	1	
		计算器		个	1	
		草稿本		本	1	

（4）车削工序卡片　见表 2-2。

表 2-2　车削工序卡片

工序	加工内容	设备	刀具	切削用量		
				转速/ （r/min）	进给量/ （mm/min）	背吃刀量/ mm
1	粗车	数控车床	外圆车刀	1200	200	2
2	精车	数控车床	外圆车刀	2000	100	0.25

2.1.3　椭圆的知识和程序流程

椭圆关于中心坐标轴都是对称的，坐标轴是对称轴，原点是对称中心。对称中心叫作椭圆中心。椭圆和 x 轴有两个交点，和 y 轴有两个交点，这四个交点叫作椭圆顶点。

椭圆标准方程：$\dfrac{x^2}{a^2} + \dfrac{z^2}{b^2} = 1$（$a$ 为长半轴，b 为短半轴）

1）移项　　　　　　　　　　　$\dfrac{x^2}{a^2} = 1 - \dfrac{z^2}{b^2}$

2）去分母　　　　　　　　　$x^2 = \left(1 - \dfrac{z^2}{b^2}\right)a^2$

3）开方　　　　　　　　　　$x = \sqrt{a^2\left(1 - \dfrac{z^2}{b^2}\right)}$

$$x = a\sqrt{1 - \dfrac{z^2}{b^2}}$$

通过标准方程推导 x 的表达公式为

$$x = b/a * SQRT\,[\,a*a - z*z\,]$$

例如：

#1 = 34.64；	确定椭圆的长半轴有效距离设定为自变量
N100 WHILE［#1GE17］DO 1；	循环合理设定条件判断
#2 = 40 * SQRT［1-［#1 * #1］］/1600；	椭圆公式因变量
G1 X［#2］Z［#1-67］；	建立椭圆在工件坐标系中的 XZ 坐标系（椭圆的中心点坐标）
#1 = #1-0.5；	确定步长
END 1；	循环结束

在上述宏程序中将长半轴的椭圆轮廓长度拆分为多条线段，用多条直线段进行拟合非圆曲线轮廓进行插补，每段直线在 Z 轴方向的直线与直线的间距为 0.5mm，如图 2-3 所示。

在上述宏程序中以 Z 轴坐标作为自变量，X 轴坐标作为因变量，Z 轴坐标每次递减 0.5mm，通过公式会推导计算出 $\phi1 \sim \phi12$ 直径数值进行逐点插补，如图 2-4 所示。

在此程序中程序段"G1 X [#2] Z[#1−67]"；建立椭圆在工件坐标系中的 XZ 坐标系，长半轴与编程原点偏离 67mm，$L_1 \sim L_{17}$ 与 67mm 进行相减从而得出 Z 方向坐标，短半轴未偏离中心轴，如图 2-5 所示。

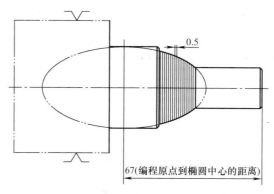

图 2-3 Z 方向插补图

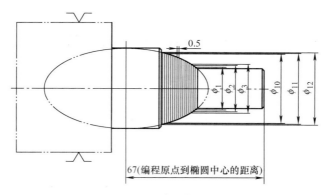

图 2-4 X 方向插补图

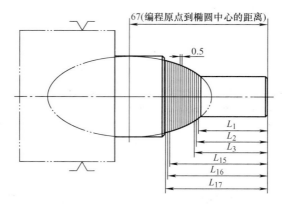

图 2-5 宏程序工件坐标系建立图

2.1.4　宏程序的编写

宏程序如下：

O0001；

G98 G97 G21；

S1200 M03；

T0101；

G42 G00 X67 Z2 M8；

G71 U2 R1；

G71 P1 Q2 U1 W0.1 F200；

N1 G00 X18；

G01 Z0；

X20 Z-1；

Z-32.36；

#1 = 34.64；　　　　　　　　　　　自变量

N10 #2 = 40 * SQRT[1-[#1 * #1]/1600]；　　椭圆公式因变量

G01 X[#2] Z[#1-67]；　　　　　　　建立非圆曲线在工件坐标系中的 XZ 坐标系

#1 = #1-0.5；　　　　　　　　　　确定步长

IF [#1GE17] GOTO 10；

X39；

X40 Z-50；

Z-74；

N2 X65；

G00 X100 Z100；

M05；

M00；

M03 S2000；

T0101；

G00 X67 Z2；

G70 P1 Q2 F100；

G40 G00 X100 Z100 M9；

T0100 M05；

M30；

2.1.5　零件加工效果

零件加工效果如图 2-6 所示。

图 2-6　零件加工效果

2.1.6　小结

在刀具按要求轨迹运动加工零件轮廓的过程中，不断比较刀具与被加工零件轮廓之间的相对位置，并根据比较结果决定下一步的进给方向，使刀具向减小误差的方向进给。其算法最大偏差不会超过一个脉冲当量，其优点是在插补中应用广泛，能实现平面直线、圆弧、二次曲线的插补，且精度高。

2.1.7　习题

已知加工零件如图 2-7 所示，毛坯为直径 $\phi70mm$、长度 100mm 的棒料，材料为 40Cr，经调质热处理硬度为 22HBW。

1）分析加工工艺，编写加工步骤。

2）坐标用 X、Z 表示。

3）编写椭圆内轮廓精加工程序，采用弧度制编写该宏程序。

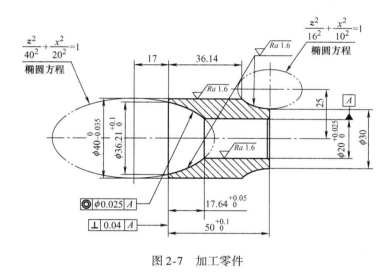

图 2-7　加工零件

2.2　抛物线各类型编程思路与程序解析

2.2.1　零件图及加工内容

加工零件如图 2-8 所示，毛坯为 $\phi95mm \times 65mm$，材料为 45 钢，以零件右端为例，试编写数控车的抛物线宏程序。

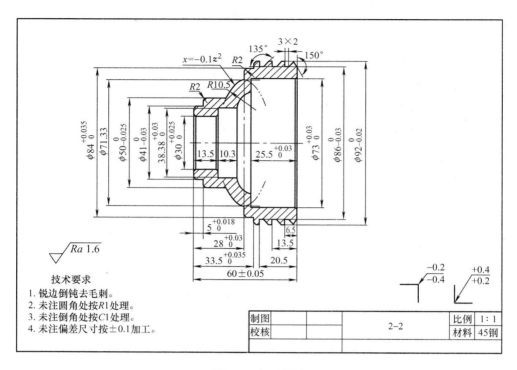

图 2-8　加工零件

2.2.2　零件图的分析

该实例要求加工编程前需要考虑以下几点：

（1）机床的选择　根据毛坯以及加工图样的要求宜采用车削加工，选择数控车床，机床系统选择 FANUC 0i TF 数控系统。

（2）装夹方式　从加工的零件来分析，采用自定心卡盘进行装夹，先加工零件的右端和全部内轮廓，然后内撑直径 φ73mm 内孔加工零件的右端，装夹方式如图 2-9 所示。

（3）任务准备单　见表 2-3。

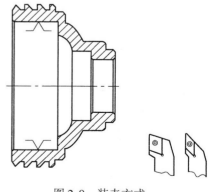

图 2-9　装夹方式

表 2-3　任务准备单

任务名称		抛物线车削		图号		2-2

一、设备、附件、材料

序号	分类	名称	尺寸规格	单位	数量	备　注
1	设备	数控车床		台	1	
2	附件	自定心卡盘	200mm	套	1	
3	材料	45 钢	$\phi95mm \times 65mm$	件	1	

二、刀具、量具、工具

序号	分类	名称	刀片规格	单位	数量	图片备注
1	刀具	外圆车刀	VMMG160404	把	1	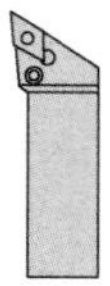
		端面车刀	CNMG120404	把	1	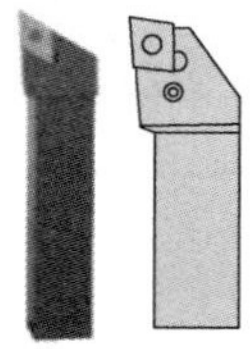
2	量具	游标卡尺	0~150mm	把	1	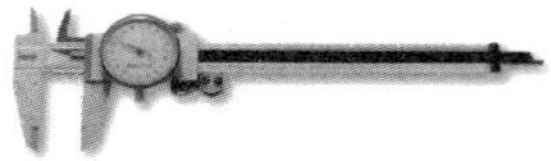
		深度卡尺	0~150mm	把	1	
		百分表		只	1	
3	工具	刮刀		把	1	
		垫刀片		套	1	
		铜片		片	若干	

（续）

序号	分类	名称	刀片规格	单位	数量	图片备注
4	其他	工作服		套	1	
		护目镜		副	1	
		计算器		个	1	
		草稿本		本	1	

（4）车削工序卡片　见表 2-4。

表 2-4　车削工序卡片

工序	加工内容	设备	刀具	切削用量		
				转速/ （r/min）	进给量/ （mm/min）	背吃刀量/ mm
1	车平左端端面	数控车床	端面车刀	1000	120	0.5
2	粗车左端外圆	数控车床	外圆车刀	800	200	2
3	精车左端外圆	数控车床	外圆车刀	1600	100	0.25

2.2.3　抛物线的知识和程序流程

平面内，到定点与到定直线的距离相等的点的轨迹叫作抛物线。抛物线方程中常数项为零时是关于坐标轴呈轴对称的，坐标轴是对称轴。此时二次曲线和坐标轴有一个交点。

通过图样分析推导此方程式的表达公式为

$$x = -0.1z^2$$

例如：

#1 = 10.2；	确定抛物线函数在图样中自变量的起始值
N11 #2 =-#1 * #1/10；	抛物线因变量
G1 X[71.3 + 2 * #2] Z[#1-28]；	建立抛物线在工件坐标系中的 XZ 坐标系
#1 = #1-0.5；	确定步长
IF [#1GE0] GOTO 11；	设置合理的循环判断条件

在上述宏程序中将 Z 轴长度拆分为多条线段，用多条直线段进行拟合非圆曲线轮廓进行插补，每段直线在 Z 轴方向的直线与直线的间距为 0.5mm，如图 2-10 所示。

在上述宏程序中以 Z 轴坐标作为自变量，X 轴坐标作为因变量，Z 轴坐标每次递减 0.5mm，通过公式会推导计算出 $\phi_1 \sim \phi_{12}$ 直径数值进行逐点插补，如图 2-11 所示。

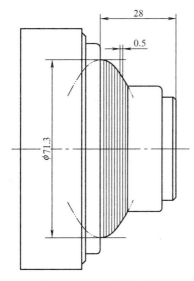

图2-10　Z方向插补图

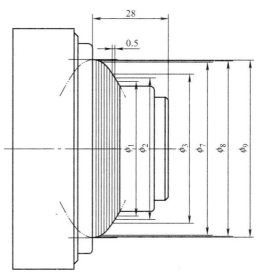

图2-11　X方向插补图

在此程序中程序段"G1 X[71.3 + 2 * #2] Z[#1 - 28];"建立抛物线在工件坐标系中的 XZ 坐标系,抛物线中心 Z 轴坐标与编程原点偏离28mm,$L_1 \sim L_{10}$ 与28mm进行相减从而得出 Z 方向坐标顶点,抛物线中心与编程原点中心偏离71.3mm,如图2-12所示。

2.2.4　宏程序的编写

宏程序如下:

```
O0001;
G98 G97 G21;
S800 M03;
T0101;
G42 G00 X95 Z1 M8;
G71 U2 R1;
G71 P1 Q2 U1 W0.1 F200;
N1 G00 X37.4;
G01 X41.4 Z-1;
Z-5;
X46.4;
G03 X50.4 W-2 R2;
G01 Z-17.8
```

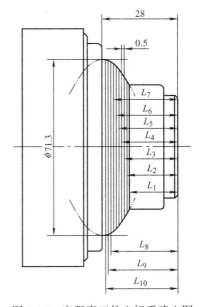

图2-12　宏程序工件坐标系建立图

#1 = 10. 2；	自变量
N11 #2 =-#1 * #1/10；	抛物线公式因变量
G1 X[71. 3-2 * #2] Z[#1-28]；	建立非圆曲线在工件坐标系中的 XZ 坐标系
#1 = #1-0. 5；	确定步长
IF［#1GE0］GOTO 11；	设置合理的循环判断条件

G01 X80. 4；

G03 X84. 4 W-2 R2；

G01 W-3. 5；

X90. 4；

X92. 4 W-1；

N2 X95；

G0 X100 Z100；

M05；

M00；

M03 S1600；

T0101；

G00 X95 Z2；

G70 P1 Q2 F100；

G40 G0 X100 Z100 M9；

T0100 M5；

M30；

2. 2. 5　零件加工效果

零件加工效果如图 2-13 所示。

图 2-13　零件加工效果

2. 2. 6　小结

车削后工件的精度与编程时所选择的步距有关。步距值越小，加工精度越高；但是减小步距会造成数控系统工作量加大，运算繁忙，影响进给速度的提高，从而降低加工效率。因此，要合理选择步距，一般在满足加工要求的前提下，应尽可能选取较大的步距。

2.2.7 习题

已知加工零件如图 2-14 所示，毛坯为直径 $\phi 68mm$、长度 72mm 的棒料，材料为 40Cr，经调质热处理硬度为 220HBW，内孔为抛物线曲面。

1）分析加工工艺，编写加工步骤。

2）坐标原点定为长度尺寸 50 的左端点，坐标用 X、Z 表示，写出抛物线的具体方程。

3）编写抛物线内孔精加工程序，编程原点为长度尺寸 50 的左端点。

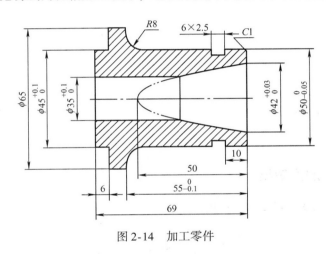

图 2-14　加工零件

2.3　各类函数曲线编程思路与程序解析

2.3.1　零件图及加工内容

加工零件如图 2-15 所示，毛坯为 $\phi 80mm \times 60mm$，材料为 45 钢，以零件右端为例，试编写数控车的正弦函数曲线宏程序。

2.3.2　零件图的分析

该实例要求加工编程前需要考虑以下几点：

（1）机床的选择　根据毛坯以及加工图样的要求宜采用车削加工，选择数控车床，机床系统选择 FANUC 0i TF 数控系统。

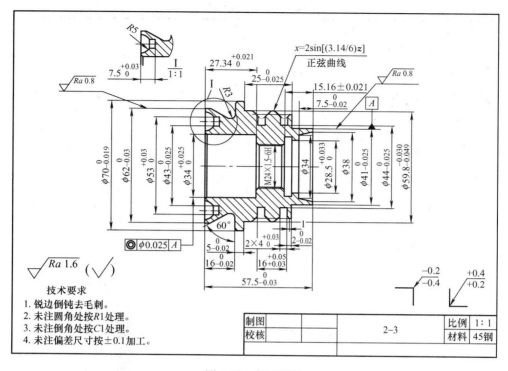

图 2-15　加工零件

（2）装夹方式　从加工的零件来分析，采用自定心卡盘进行装夹，先加工零件的右端，然后加工零件的左端，装夹方式如图 2-16 所示。

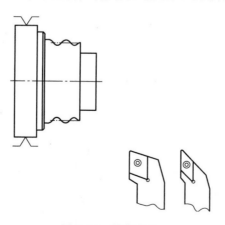

图 2-16　装夹方式

（3）任务准备单　见表 2-5。

表 2-5 任务准备单

任务名称		正弦函数曲线车削		图号		2-3	

一、设备、附件、材料

序号	分类	名称	尺寸规格	单位	数量	备 注
1	设备	数控车床		台	1	
2	附件	自定心卡盘	200mm	套	1	
3	材料	45 钢	$\phi80\text{mm} \times 60\text{mm}$	件	1	

二、刀具、量具、工具

序号	分类	名称	刀片规格	单位	数量	图片备注
1	刀具	外圆车刀	VMMG160404	把	1	
		端面车刀	CNMG120404	把	1	
2	量具	游标卡尺	0~150mm	把	1	
		深度卡尺	0~150mm	把	1	
		百分表		只	1	
3	工具	刮刀		把	1	
		垫刀片		套	1	
		铜片		片	若干	
4	其他	工作服		套	1	
		护目镜		副	1	
		计算器		个	1	
		草稿本		本	1	

（4）车削工序卡片 见表2-6。

表2-6 车削工序卡片

工序	加工内容	设备	刀具	切削用量		
				转速/ （r/min）	进给量/ （mm/min）	背吃刀量/ mm
1	车平左端端面	数控车床	端面车刀	1000	120	0.5
2	粗车左端外圆	数控车床	外圆车刀	800	200	0.5
3	精车左端外圆	数控车床	外圆车刀	2000	100	0.25

2.3.3 正弦函数曲线的知识和程序流程

正弦函数标准方程：

$$y = A\sin(\omega x + \phi) + h$$

方程中各常数值对函数图像的影响：

ϕ（初相位）：决定波形与 x 轴位置关系或横向移动距离（左加右减）。

ω：决定周期（最小正周期 $T = 2\pi / |\omega|$）。

A：决定峰值（即纵向拉伸压缩的倍数）。

h：表示波形在 y 轴的位置关系或纵向移动距离（上加下减）。

实例分析：该正弦曲线由接近两个周期组成，总角度为621°（$-621° \sim 0°$）。沿 Z 轴方向将该曲线分成 1000 条线段，每段直线在 Z 轴方向上的间距为 0.02mm，对应其正弦曲线的角度增加 720°/1000。根据公式计算出曲线上每一线段终点的 X 坐标值。

#1 = 0;	正弦曲线角度赋初值
#2 = -13;	曲线 Z 坐标赋初值
N10 #3 = 4 * SIN[3.14/6 * #1] + 55.8;	曲线 X 坐标
G01 X[#3] Z[#2];	直线段拟合曲线建立非圆曲线在工件坐标系中的 XZ 坐标系
#1 = #1-0.62;	角度增量为 -0.62
#2 = #2-0.02;	Z 坐标增量为 -0.02
IF [#1GE-621] GOTO 10;	条件判断

在上述宏程序中将 Z 轴长度拆分为多条线段，用多条直线段进行拟合非圆曲线轮廓进行插补，每段直线在 Z 轴方向的直线与直线的间距为 0.02mm，如图 2-17 所示。

在上述宏程序中以 Z 轴坐标作为自变量，X 轴坐标作为因变量，Z 轴坐标每次递减 0.02mm，通过公式会推导计算出 $\phi_1 \sim \phi_5$ 直径数值进行逐点插补，如图 2-18 所示。

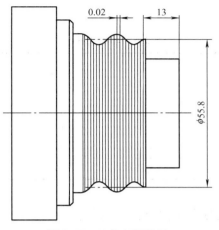

图 2-17 Z 方向插补图

在此程序中程序段"G01 X[#3] Z[#2];"建立正弦曲线在工件坐标系中的 *XZ* 坐标系，正弦曲线中心 *Z* 轴坐标与编程原点偏离 13mm，$L_1 \sim L_5$ 与 13mm 进行相减从而得出 *Z* 方向坐标顶点，正弦曲线中心与编程原点中心偏离 55.8mm，如图 2-19 所示。

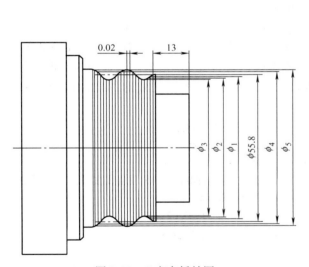

图 2-18 *X* 方向插补图

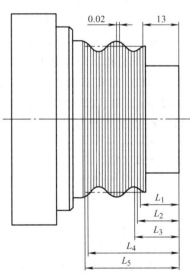

图 2-19 宏程序工件坐标系建立图

2.3.4 宏程序的编写

宏程序如下：

O0001；

G98 G97 G21；

S1200 M03；

T0101；

G42G00 X67 Z–9 M8；

G73 U4 W0 R8；

G73 P1 Q2 U0.5 W0.1 F200；

N1 G0 X56；

G1 Z–11；

#1 = 0；　　　　　　　　　　　正弦曲线角度赋初值

#2 = –13；　　　　　　　　　　曲线 Z 坐标赋初值

N10 #3 = 4 * SIN[3.14/6 * #1] + 55.8；　　曲线 X 坐标

G01 X[#3] Z[#2]；　　　　　　直线段拟合曲线建立非圆曲线在工件坐标系中的 XZ 坐标系

#1 = #1–0.62；　　　　　　　　角度增量为 –0.62

#2 = #2–0.02；　　　　　　　　Z 坐标增量为 –0.02

IF [#1GE–621] GOTO 10；　　　条件判断

X39；

X40 Z–50；

Z–74；

N2 X65；

G00 X100 Z100；

M05；

M00；

M03 S2000；

T0101；

G00 X67 Z2；

G70 P1 Q2 F100；

G40 G00 X100 Z100 M9；

T0100 M05；

M30；

2.3.5　零件加工效果

零件加工效果如图 2-20 所示。

图 2-20　零件加工效果

2.3.6 小结

正弦曲线宏程序的编程关键是变量的选取和各变量之间的关系，并根据其关系找到曲线上每一点的 X、Z 坐标算法公式；此外，还需要灵活进行弧度制与角度制之间的转换，这些能正确解决，该正弦曲线的加工编程就可迎刃而解。在生产当中，还要根据实际情况选择加工的刀具，一般选择中置车刀或刀尖角度为 35° 的外圆车刀，可以避免刀具后刀面与加工的曲面发生干涉现象。

2.3.7 习题

已知加工零件如图 2-21 所示，毛坯为直径 $\phi45mm$、长度 85mm 的棒料，材料为 40Cr，经调质热处理硬度为 220HBW，外轮廓为正弦曲线。

1）分析加工工艺，编写加工步骤。

2）坐标用 X、Z 表示，写出正弦曲线的具体方程。

3）编写正弦曲线外轮廓精加工程序，编程原点为长度尺寸 65 的右端点，采用角度制编写该正弦曲线宏程序。

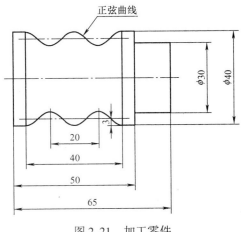

图 2-21 加工零件

2.4 旋转椭圆各类型编程思路与程序解析

2.4.1 零件图及加工内容

加工零件如图 2-22 所示，毛坯为 $\phi100mm \times 120mm$，材料为 45 钢，以零件右端为例，试编写数控车的旋转椭圆宏程序。

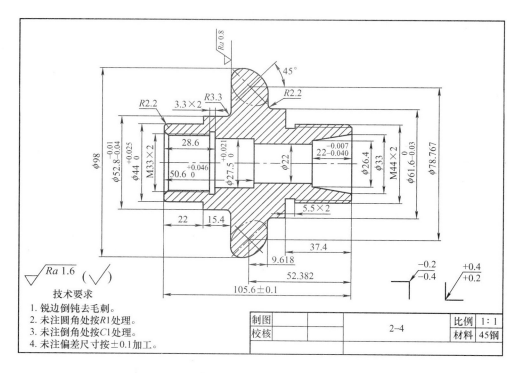

图 2-22　加工零件

2.4.2　零件图的分析

该实例要求加工编程前需要考虑以下几点：

（1）机床的选择　根据毛坯以及加工图样的要求宜采用车削加工，选择数控车床，机床系统选择 FANUC 0i TF 数控系统。

（2）装夹方式　从加工的零件来分析，采用自定心卡盘进行装夹，先加工零件左端，然后用软爪夹持 φ40mm 外圆加工零件右端。车削正确的软爪直径如图 2-23 所示。

（3）任务准备单　见表 2-7。

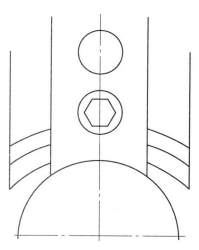

图 2-23　车削正确的软爪直径

技术要求

1. 锐边倒钝去毛刺。
2. 未注圆角处按 R1 处理。
3. 未注倒角处按 C1 处理。
4. 未注偏差尺寸按 ±0.1 加工。

制图			比例	1：1
校核		2-4	材料	45钢

表 2-7　任务准备单

任务名称	旋转椭圆车削			图号		2-4

一、设备、附件、材料

序号	分类	名称	尺寸规格	单位	数量	备 注
1	设备	数控车床		台	1	
2	附件	自定心卡盘	200mm	套	1	
3	材料	45 钢	$\phi 100mm \times 120mm$	件	1	

二、刀具、量具、工具

序号	分类	名称	刀片规格	单位	数量	图片备注
1	刀具	外圆车刀	VMMG160404	把	1	
		端面车刀	CNMG120404	把	1	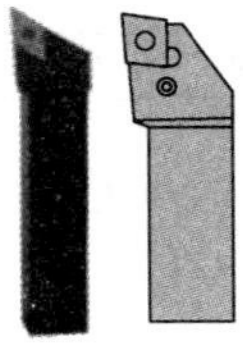
		球形车刀	SRACR2020K05	把	1	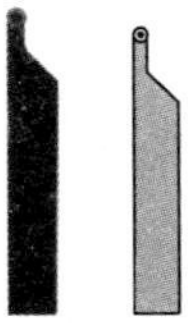
2	量具	游标卡尺	0～150mm	把	1	
		深度卡尺	0～150mm	把	1	
		百分表		只	1	

（续）

序号	分类	名称	刀片规格	单位	数量	图片备注
3	工具	刮刀		把	1	
		垫刀片		套	1	
		铜片		片	若干	
4	其他	工作服		套	1	
		护目镜		副	1	
		计算器		个	1	
		草稿本		本	1	

（4）车削工序卡片　见表 2-8。

表 2-8　车削工序卡片

工序	加工内容	设备	刀具	切削用量		
				转速/ （r/min）	进给量/ （mm/min）	背吃刀量/ mm
1	粗车	数控车床	外圆车刀	1200	200	1
2	精车	数控车床	外圆车刀	2000	100	0.25

2.4.3　旋转椭圆坐标公式的推导

1. 椭圆参数方程

$$x = b\cos\alpha$$

$$y = a\sin\alpha$$

2. 旋转坐标推导（图 2-24）

如图 2-24 所示，P 点角度为 α，旋转角度 β 后，要求得 P' 点的坐标，首先要了解以下公式：

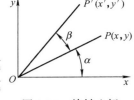

图 2-24　旋转坐标

$\cos(\alpha - \beta) = \cos\alpha\cos\beta + \sin\alpha\sin\beta$　两角差的余弦公式

$\cos(\alpha + \beta) = \cos\alpha\cos\beta - \sin\alpha\sin\beta$　两角和的余弦公式

$\sin(\alpha + \beta) = \sin\alpha\cos\beta + \cos\alpha\sin\beta$　两角和的正弦公式

$\sin(\alpha - \beta) = \sin\alpha\cos\beta - \cos\alpha\sin\beta$　两角差的正弦公式

对于 P 点的坐标可以由以下公式得到：

$$x = \overline{OP}\cos\alpha \quad y = \overline{OP}\sin\alpha$$

旋转角度 β 后，P' 点的坐标可由下述公式得到：

$$x' = \overline{OP'}\cos(\alpha+\beta)$$
$$= \overline{OP'}(\cos\alpha\cos\beta - \sin\alpha\sin\beta)$$
$$= \overline{OP'}\cos\alpha\cos\beta - \overline{OP'}\sin\alpha\sin\beta$$

由 $x = \overline{OP}\cos\alpha$，$y = \overline{OP}\sin\alpha$，$\overline{OP'} = \overline{OP}$ 可得旋转后 P' 点的 x 坐标为 $x' = x\cos\beta - y\sin\beta$

$$y' = \overline{OP'}\sin(\alpha+\beta)$$
$$= \overline{OP'}(\sin\alpha\cos\beta + \cos\alpha\sin\beta)$$
$$= \overline{OP'}\sin\alpha\cos\beta + \overline{OP'}\cos\alpha\sin\beta$$

由 $x = \overline{OP}\cos\alpha$，$y = \overline{OP}\sin\alpha$，$\overline{OP'} = \overline{OP}$ 可得旋转后 P' 点的 y 坐标为

$$y' = y\cos\beta + x\sin\beta$$

综合上述推导过程，图形旋转后，新的坐标点是在原来角度基础上旋转角度 β 后得到的，即

$$x_{新} = x_{原}\cos\beta - y_{原}\sin\beta$$
$$y_{新} = x_{原}\sin\beta + y_{原}\cos\beta$$

如图 2-25 所示，椭圆坐标轴顺时针旋转 $45°$，加工起始角度为 $28°$，终止角度为 $208°$。程序中以 $\beta(\#1)$ 角度作为自变量，X 轴坐标、Z 轴坐标作为因变量，$\#1$ 每增加 $1°$，X、Z 产生新的坐标。

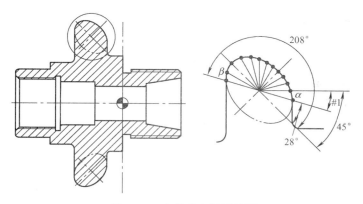

图 2-25 宏程序坐标插补图

在此程序中程序段 "$\#7 = 11*\#3 - 8*\#4 - 18.382$，$\#8 = [2*[11*\#5 + 8*\#6] + 78.765]$" 建立椭圆在工件坐标系中的 XZ 坐标系，如图 2-26 所示。

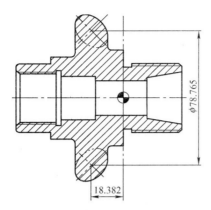

图 2-26　宏程序工件坐标系建立图

2.4.4　宏程序的编写

宏程序如下：

O00001；

G98 G97 G21；

S1200 M03；

T0101；

G42 G00 X102 Z2 M8；

G73 U22 W0 R22；

G73 P1 Q2 U1 W0.1 F200；

N1 G00 X56；

G01 Z-8.764；

#1=28；　　　　　　　　　　　　　椭圆角度变量从 28°起

#2=-45；　　　　　　　　　　　　坐标轴旋转角度

N10 #3=COS[#1]*COS[#2]；

#4=SIN[#1]*SIN[#2]；

#5=COS[#1]*SIN[#2]；

#6=SIN[#1]*COS[#2]；

#7=11*#3-8*#4-18.382；　　　　　坐标轴旋转椭圆的 Z 值，并换算为编程坐标值

#8=[2*[11*#5+8*#6]+78.765]；　坐标轴旋转椭圆的 X 值，并换算为编程坐标值

G01 X[#7] Z[#8]；　　　　　　　　直线逼近椭圆曲线

#1=#1+1；　　　　　　　　　　　　角度每次变化 1°

IF [#1GE180] GOTO 10；　　　　　椭圆角度变化超过 180°时循环结束

X48 R3；

W-3

N2 X102；

G70 P1 Q2 F100；

G40 G00 X100 Z100 M9；
T0100 M05；
M30；

2.4.5　零件加工效果

零件加工效果如图 2-27 所示。

图 2-27　零件加工效果

2.4.6　小结

1）当曲线的计算坐标系和编程坐标系不一致时要用到坐标换算；将坐标轴旋转的具体角度赋值给自变量，逆时针为正，顺时针为负，可用于各种旋转角度的情况；也可以 Excel 的强大功能帮助计算和检验。综上所述，只需将文本编制的宏程序稍加修改，便可加工类似的椭圆曲线，因此具有很强的通用性，同时也为其他非圆曲线的编程加工提供参考。

2）软爪的装夹如图 2-28 所示。直径车削过程中测量很关键，最好选用三爪内径千分尺测量，软爪直径过大，夹持时只能受力在软爪中心，如图 2-29 所

图 2-28　软爪的装夹

示；软爪直径过小，夹持时零件会出现 6 条边痕迹，如图 2-30 所示。

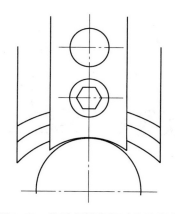

图 2-29　软爪车削直径过大的影响

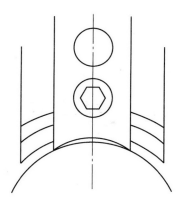

图 2-30　软爪车削直径过小的影响

2.4.7　习题

已知加工零件如图 2-31 所示,毛坯为直径 $\phi60$mm、长度 80mm 的棒料,材料为 45 钢。

1)分析加工工艺,编写加工步骤。

2)坐标用 X、Z 表示。

3)编写椭圆内轮廓精加工程序,采用弧度制编写该宏程序。

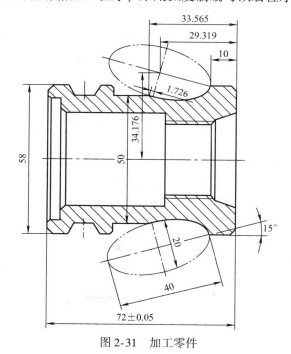

图 2-31　加工零件

第3章 数控车宏程序之各类异形螺纹加工实例

本章内容提要

本章将通过数控车加工实例，介绍各类复杂非标准螺纹宏程序编程在数控车宏程序中的应用。这些实例的编程都是经典例题，在加工中也是较为常见的加工任务，因此，熟练掌握宏程序编程在螺纹加工中的应用是学习宏程序编程最基本的要求。

3.1 圆柱面上圆弧槽螺旋线的编程思路与程序解析

3.1.1 零件图及加工内容

加工零件如图 3-1 所示，毛坯为 $\phi80\text{mm} \times 85\text{mm}$，材料为 45 钢，以零件左端为例，试编写数控车的圆柱面上圆弧螺旋线宏程序。

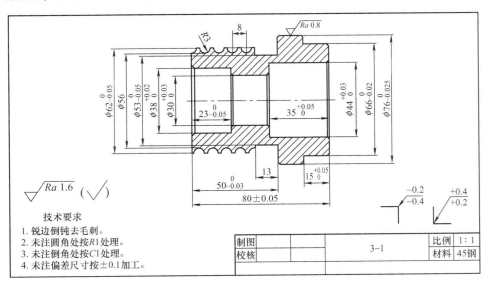

图 3-1 加工零件

3.1.2　零件图的分析

该实例要求加工编程前需要考虑以下几点：

（1）机床的选择　根据毛坯以及加工图样的要求宜采用车削加工，选择数控车床，机床系统选择 FANUC 数控系统。

（2）装夹方式　从加工的零件来分析，采用自定心卡盘进行装夹，保证夹 $\phi66mm$ 的已加工外圆，装夹方式如图 3-2 所示。

（3）任务准备单　见表 3-1。

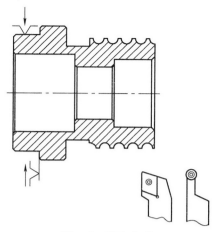

图 3-2　装夹方式

表 3-1　任务准备单

任务名称	圆柱面上圆弧螺旋线			图号		3-1

一、设备、附件、材料

序号	分类	名称	尺寸规格	单位	数量	备　注
1	设备	数控车床		台	1	
2	附件	自定心卡盘	200mm	套	1	
3	材料	45 钢	$\phi80mm \times 85mm$	件	1	

二、刀具、量具、工具

序号	分类	名称	刀片规格	单位	数量	图片备注
1	刀具	球形车刀	CNMG120303	把	1	
		端面车刀	CNMG120404	把	1	

（续）

序号	分类	名称	刀片规格	单位	数量	图片备注
2	量具	游标卡尺	0～150mm	把	1	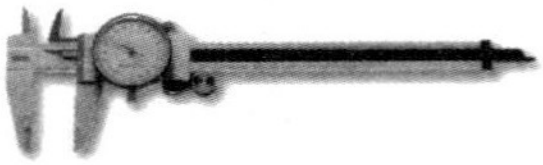
		深度卡尺	0～150mm	把	1	
		百分表		只	1	
3	工具	刮刀		把	1	
		垫刀片		套	1	
		铜片		片	若干	
4	其他	工作服		套	1	
		护目镜		副	1	
		计算器		个	1	
		草稿本		本	1	

（4）车削工序卡片　见表 3-2。

表 3-2　车削工序卡片

工序	加工内容	设备	刀具	切削用量		
				转速/ （r/min）	进给量/ （mm/min）	背吃刀量/ mm
1	车螺纹	数控车床	球形车刀	500	8	0.02

3.1.3　圆柱面上圆弧槽螺旋线的编程知识和程序流程

1. 刀具选择

如图 3-3 所示，圆弧螺纹的截面积形状为 $R3$mm，加工深度为圆弧的一半，螺距为 6mm，故选择 $R2$mm 的球形车刀加工才不会发生干涉。由于采用了球形车刀加工，编程刀位点和实际轮廓产生了偏移，因此编程为刀位点的实际走刀轮廓，而非实际轮廓。

2. 编程思路

用角度等间距分割圆弧牙型，分割的间距决定了逼近的精度，如图 3-4 所示，将#3 设为角度变量，当角度发生变化时，X、Z 的坐标也产生了相应的变化，X 轴坐标为#5 = 1 * SIN[#3]，Z 轴坐标为#6 = 1 * COS[#3]。

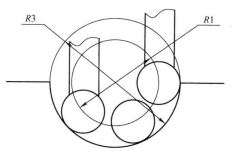

图 3-3　用球形车刀加工圆弧螺纹

利用螺纹加工指令 G92 车螺纹，依次按自变量#3 角度从起始角 0° 至终止角 180° 变化计算后的 X、Z 坐标车削螺纹。

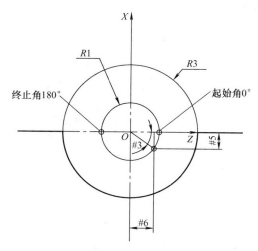

图 3-4　采用角度分割法加工圆弧螺纹

3.1.4　宏程序的编写

宏程序如下：

O00001；

M3 S500；

T0101；

G0 X70；

Z10；

#1 = 3；　　　　　　　　　　螺纹圆弧半径

#2 = 2；　　　　　　　　　　刀具圆弧半径

#3 = 0；　　　　　　　　　　起始角度 0°

WHILE［#3LE180］DO 1；　　条件表达式，终止角度 180°

#5 = [#1−#2] * SIN[#3];	X 轴坐标,相对于圆弧中心
#6 = [#1−#2] * COS[#3];	Y 轴坐标,相对于圆弧中心
G0 Z[8 + #6];	螺纹加工起始点
G92 X[62−2 * #5] Z−40F8;	实际加工坐标点,相对于工件零点
#3 = #3 + 3;	角度变量
END 1;	
G0 X100;	
Z100;	
M30;	

3.1.5　零件加工效果

零件加工效果如图 3-5 所示。

图 3-5　零件加工效果

3.1.6　小结

在异形螺纹的宏程序编程过程中,正确获得螺纹牙型曲线的数学表达式是编程的关键;其次确定曲线表达式的等角度分割变量及取值范围,并按牙型曲线的坐标系编程;最后转换成加工坐标系的螺纹加工程序。

3.1.7　习题

已知加工零件图 3-6 所示,毛坯为直径 φ70mm、长度 90mm 的棒料,材料为 45 钢。

1)分析加工工艺,编写加工步骤。

2)坐标用 X、Z 表示。

3)编写螺旋线宏程序。

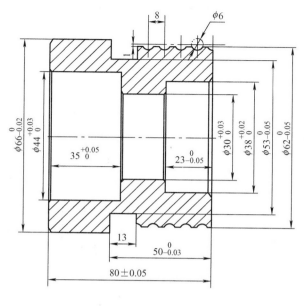

图 3-6 加工零件

3.2 圆弧面上圆弧槽螺旋线的编程思路与程序解析

3.2.1 零件图及加工内容

加工零件如图 3-7 所示，毛坯为 $\phi60mm \times 75mm$，材料为 45 钢，以零件右端为例，试编写数控车的圆弧面上圆弧槽螺旋线宏程序。

3.2.2 零件图的分析

该实例要求加工编程前需要考虑以下几点：

（1）机床的选择 根据毛坯以及加工图样的要求宜采用车削加工，选择数控车床，机床系统选择 FANUC 数控系统。

（2）装夹方式 从加工的零件来分析，采用自定心卡盘进行装夹，先加工零件左端；然后夹持 $\phi39mm$ 外圆，采用一夹一顶方式，加工零件右端，装夹方式如图 3-8 所示。

（3）任务准备单 见表 3-3。

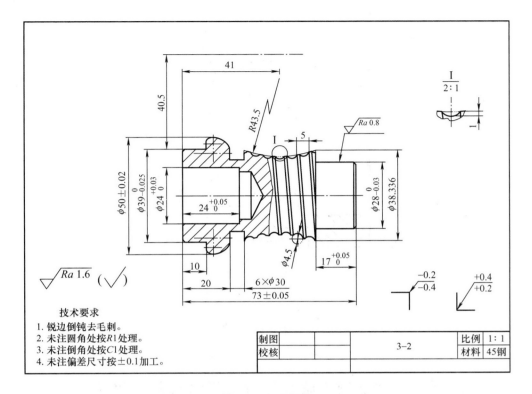

图 3-7　加工零件

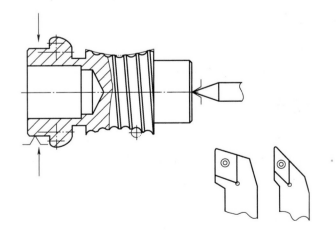

图 3-8　装夹方式

表 3-3　任务准备单

任务名称	圆弧面上圆弧槽螺旋线				图号	3-2	
一、设备、附件、材料							
序号	分类	名称	尺寸规格	单位	数量	备　　注	
1	设备	数控车床		台	1		
2	附件	自定心卡盘	200mm	套	1		
3	材料	45 钢	ϕ60mm×75mm	件	1		
二、刀具、量具、工具							
序号	分类	名称	刀片规格	单位	数量	图片备注	
1	刀具	外圆车刀	VMMG160404	把	1		
		端面车刀	CNMG120404	把	1		
2	量具	游标卡尺	0～150mm	把	1		
		深度卡尺	0～150mm	把	1		
		百分表		只	1		
3	工具	刮刀		把	1		
		垫刀片		套	1		
		铜片		片	若干		
4	其他	工作服		套	1		
		护目镜		副	1		
		计算器		个	1		
		草稿本		本	1		

（4）车削工序卡片　见表3-4。

表3-4　车削工序卡片

工序	加工内容	设备	刀具	切削用量		
				转速/ （r/min）	进给量/ （mm/r）	背吃刀量/ mm
1	车螺纹	数控车床	外圆车刀	600	5	0.02

3.2.3　圆弧面上圆弧槽螺旋线编程分析

1. 编程思路

大圆弧面上的小圆弧螺纹，刀具既要按 R43.5mm 大圆弧的轨迹车螺纹，又要在大圆弧面上按 ϕ4.5mm 的小圆弧运动。由于数控加工中所有曲线轨迹都是由直线拟合而成的，因此要找出每个点的变化规律，也就是既要找出 ϕ4.5mm 小圆弧圆心与 R43.5mm 大圆弧的位置关系，又要找出 ϕ4.5mm 小圆弧上某点与大圆弧的关系，并列出关系式。这里可以利用 WHILE 循环嵌套的方法解决问题，第一层运算出刀具按小圆弧运动时的位置变化量，第二层计算出刀具按大圆弧运动时的坐标位置，再对第一层的位置变化量进行叠加，就得出各拟合点的坐标，然后在该层中代入螺纹插补指令即可。

2. ϕ4.5mm 小圆弧上插补拟合点相对 R42.25mm 圆弧位置关系

把小圆想象为一把成形车刀，小圆成形车刀"加工"螺纹槽时，其圆心的路径是一个比大圆弧略小的大圆弧。根据小圆弧直径 $\phi = 4.5$mm（半径 2.25mm）、槽深 1mm 可得，小圆的圆心比大圆弧"近"1.25mm，即小圆圆心在半径 42.25mm 的圆弧上，如图3-9所示。

由此，根据圆的参数方程 $X = 2r\sin\theta$，$Z = r\cos\theta$ 可知，小圆弧上插补拟合点相对于 R42.25mm（注意：编程时就以 R42.25mm 大圆弧编程，原来的 R43.5mm 大圆弧不再使用）大圆弧的位置增量为 $\Delta X = 4.5\sin\theta$，$\Delta Z = 2.25\cos\theta$。如图3-9所示，设起刀点处 ϕ4.5mm 小圆圆心向右端面偏移3mm，则小圆圆心在大圆弧坐标系中 $Z = 18$mm，画 $Z = 18$mm 的垂线与大圆弧相交，交点即为起刀点小圆圆心，由软件查询可求得此圆圆心坐标为（43.552，-14）。

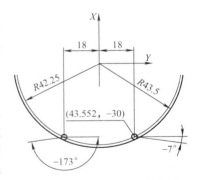

图3-9　R43.5mm 圆弧放大图

3. $\phi4.5mm$ 小圆弧起始角与终止角的确定

当小圆弧圆心按大圆轨迹运动时，小圆与原大圆弧相交，如图 3-9 所示，将交点与其圆心相连，该连线与水平线（z 轴）的夹角即为起始角 θ_1 和终止角 θ_2，因为分别在第 4 象限和第 3 象限，所以均为负值或取正值大于 180°。根据图 3-9，小圆在 x 轴左、右两边时，起始角与终止角的大小是不同的。分析可知，起始角应以图 3-9 右侧小圆为准，终止角应以图 3-9 左侧小圆为准，这样才能在加工时覆盖所有的起始与终止段。绘图，用软件测量并取整后角度范围是 −7° ~ −173°（或者 353° ~ 187°）。

3.2.4 参考程序

采用 35°外圆尖刀和磨耗补偿法切出牙深，参考宏程序如下：

```
O0001;
M3 S600;
T0101;
GO X45 Z−12;
#1 = −7;                                    小圆弧圆心起始角
WHILE［#1GE−173］DO 1;
#2 = 2.25 * SIN［#1］;                        插补拟合点相对 R42.25mm 圆弧 X 向增量值
#3 = 2.25 * COS［#1］;                        插补拟合点相对 R42.25mm 圆弧增量值
GO X［43.552+2*#2］Z［−14+#3］;               螺纹插补起刀点
#4 = 18;
WHILE［#4GE−18］DO 2;
#5 = −SQRT［42.25*42.25−#4*#4］;
#6 = 2*［#5+6O+#2］;
G32 X［#6］Z［#4+#3−32］F5;                   螺纹插补拟合
#4 = #4−5;
END 2;
GO X45;
Z−28;
#1 = #1−3;
END 1;
G0 X100;
Z100;
M30;
```

3.2.5 零件加工效果

零件加工效果如图 3-10 所示。

图 3-10　零件加工效果

3.2.6　小结

异形螺纹的种类还有很多，加工方法也很多。比如，如果该零件选用成形车刀加工，则可大大降低编程的难度，但不具备通用性，如果选用半径小于2.25mm 圆弧车刀加工，则编程时又要重新考虑加工的刀具轨迹，但螺纹加工面的表面质量将大幅提高。大家可以根据实际情况选择相应的方法。

3.2.7　习题

已知加工零件如图 3-11 所示，毛坯为直径 $\phi70mm$、长度 80mm 的棒料，材料为 45 钢。

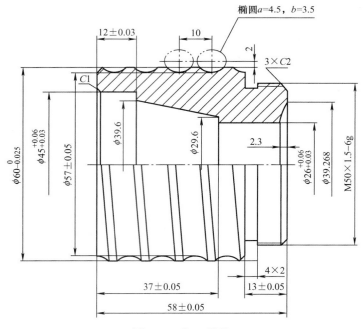

图 3-11　加工零件

1）分析加工工艺，编写加工步骤。

2）坐标用 X、Z 表示。

3）编写螺旋线宏程序。

3.3　圆柱面上凸圆弧螺旋槽的编程思路与程序解析

3.3.1　零件图及加工内容

加工零件如图 3-12 所示，毛坯为 φ50mm × 100mm，材料为 45 钢，以零件右端为例，试编写数控车的圆柱面上凸圆弧螺旋槽宏程序。

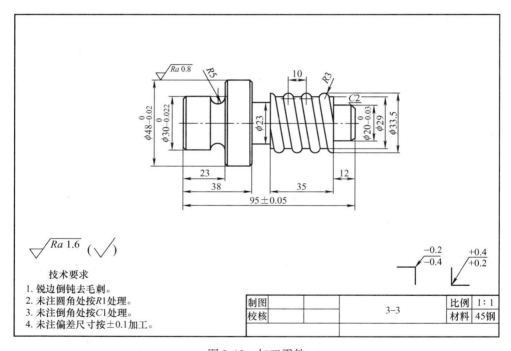

图 3-12　加工零件

3.3.2　零件图的分析

该实例要求加工编程前需要考虑以下几点：

（1）机床的选择　根据毛坯以及加工图样的要求宜采用车削加工，选择数控车床，机床系统选择 FANUC 数控系统。

（2）装夹方式　从加工的零件来分析，采用自定心卡盘进行装夹，保证夹 φ48mm 的已加工外圆，装夹方式如图 3-13 所示。

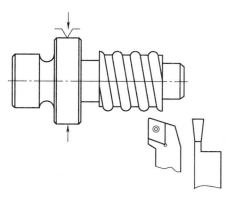

图 3-13　装夹方式

（3）任务准备单　见表 3-5。

表 3-5　任务准备单

| 任务名称 | 圆柱面上凸圆弧螺旋槽 | | | 图号 | | 3-3 |

一、设备、附件、材料

序号	分类	名称	尺寸规格	单位	数量	备　注
1	设备	数控车床		台	1	
2	附件	自定心卡盘	200mm	套	1	
3	材料	45 钢	$\phi 50mm \times 100mm$	件	1	

二、刀具、量具、工具

序号	分类	名称	刀片规格	单位	数量	图片备注
1	刀具	切槽车刀	CNMG120404	把	1	
		端面车刀	CNMG120404	把	1	

（续）

序号	分类	名称	刀片规格	单位	数量	图片备注
2	量具	游标卡尺	0～150mm	把	1	
		深度卡尺	0～150mm	把	1	
		百分表		只	1	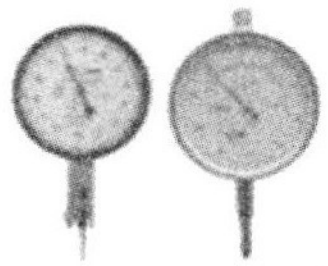
3	工具	刮刀		把	1	
		垫刀片		套	1	
		铜片		片	若干	
4	其他	工作服		套	1	
		护目镜		副	1	
		计算器		个	1	
		草稿本		本	1	

（4）车削工序卡片　见表3-6。

表3-6　车削工序卡片

工序	加工内容	设备	刀具	切削用量		
				转速/（r/min）	进给量/（mm/r）	背吃刀量/mm
1	粗车螺纹	数控车床	切槽车刀	500	10	0.1
2	精车螺纹	数控车床	切槽车刀	500	10	0.02

3.3.3　圆柱面上凸圆弧螺旋槽的编程知识和程序流程

1. 刀具选择

如图 3-12 所示，圆弧螺纹的截面形状为 $R3mm$，加工深度为 $2.25mm$，螺距为 $10mm$。由于选择球形车刀加工会使槽底面切不干净，因此采用切槽车刀从弧顶向槽底加工。

2. 加工顺序

（1）开粗　先用切槽车刀加工两圆弧中间的多余材料（矩形），计算求得两圆弧之间的矩形尺寸为 4mm×2.9mm，采用 G92 宏程序加工，如图 3-14 所示。

（2）精加工螺纹　采用左右分次加工，先加工左边圆弧，后加工右边圆弧，如图 3-15 所示。

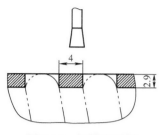 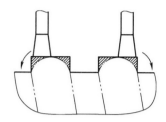

图 3-14　切槽刀开粗　　　　　图 3-15　用切槽车刀加工凸圆弧螺纹

3. 编程思路

用角度等间距分割圆弧牙型，分割的间距决定了逼近的精度。将#1 设为角度变量，当角度发生变化时，X、Z 的坐标也产生了相应的变化，X 轴坐标为 #3 = 3 * SIN[#1]，Z 轴坐标为 #4 = 3 * COS[#1]。

利用螺纹加工指令 G32 车螺纹，先加工圆弧的左边，依次按自变量#1 角度从起始角 90°至终止角 165.31°变化计算后的 X、Z 坐标车削螺纹，如图 3-16 所示；后加工圆弧的右边，依次按自变量#1 角度从起始角 90°至终止角 14.69°变化计算后的 X、Z 坐标车削螺纹，如图 3-17 所示。

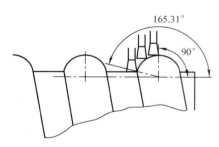 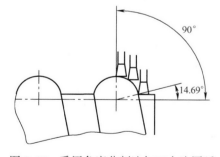

图 3-16　采用角度分割法加工左边圆弧　　　图 3-17　采用角度分割法加工右边圆弧

3.3.4　宏程序的编写

宏程序如下：

```
O00001；
M3 S500 T0303；                          开粗
```

```
G0 X40 Z17；
#1 = 33. 5；
WHILE［#1GE29］DO 1；
G92 X#1 Z–40 F10；
#1 = #1–0. 1；
END 1；
G0 X100 Z100；
M05；
M00；
M3 S500 T0303；              右边圆弧
G0 X40 Z20；
#1 = 90；                    圆弧起始角度90°
WHILE［#1GE14. 69］DO 1；     条件表达式，圆弧终止角14. 69°
#3 = 3 * SIN［#1］；          相对于圆弧中心 X 轴坐标
#4 = 3 * COS［#1］；          相对于圆弧中心 Z 轴坐标
G0 X［27. 5 + 2 * #3］；      螺纹加工循环起点，相对于工件零点 X 轴坐标
Z［10 + #4］；               螺纹加工循环起点，相对于工件零点 Z 轴坐标
G32 Z–40 F10；
G0 X40；
Z20；
#1 = #1–3；
END 1；
G0 X100 Z100；
M05；
M00；
M3 S500 T0303；              左边圆弧
G0 X40 Z20；                 螺纹加工起始点，刀具往右偏置一个刀宽距离
#1 = 90；                    圆弧起始角度90°
WHILE［#1LE165. 31］DO 1；    条件表达式，圆弧终止角165. 31°
#3 = 3 * SIN［#1］；          相对于圆弧中心 X 轴坐标
#4 = 3 * COS［#1］；          相对于圆弧中心 Z 轴坐标
G0 X［27. 5 + 2 * #3］；      螺纹加工循环起点，相对于工件零点 X 轴坐标
Z［7 + #4］；                螺纹加工循环起点，相对于工件零点 Z 轴坐标
G32 Z–40 F10；
G0 X40；
Z20；
#1 = #1 + 3；
END 1；
G0 X100 Z100；
M30；
```

3.3.5　零件加工效果

零件加工效果如图 3-18 所示。

图 3-18　零件加工效果

3.3.6　小结

在异形螺纹的宏程序编程过程中，正确获得螺纹牙型曲线的数学表达式是编程的关键；其次确定曲线表达式的等角度分割变量及取值范围，并按牙型曲线的坐标系编程；最后转换成加工坐标系的螺纹加工程序。

3.3.7　习题

已知加工零件如图 3-19 所示，毛坯为直径 $\phi50mm$、长度 100mm 的棒料，材料为 45 钢。

1）分析加工工艺，编写加工步骤。

2）坐标用 X、Z 表示。

3）编写凸圆弧螺纹宏程序。

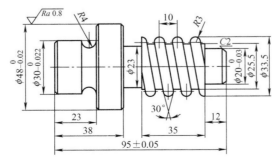

图 3-19　加工零件

3.4　圆柱面上不等角度梯形螺纹的编程思路与程序解析

3.4.1　零件图及加工内容

加工零件图 3-20 所示，毛坯为 $\phi65mm \times 70mm$，材料为 45 钢，以零件右端为例，试编写数控车的圆柱面上不等角度梯形螺纹宏程序。

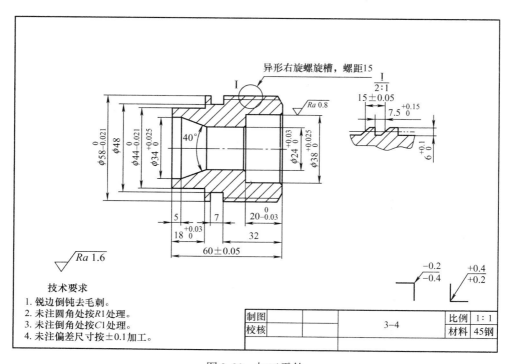

图 3-20　加工零件

3.4.2　零件图的分析

该实例要求加工编程前需要考虑以下几点：

（1）机床的选择　根据毛坯以及加工图样的要求宜采用车削加工，选择数控车床，机床系统选择 FANUC 0i TF 数控系统。

（2）装夹方式　从加工的零件来分析，采用自定心卡盘进行装夹，保证夹持后坯料伸出长度大约为 98mm，并采用一夹一顶方式保证零件的刚性，装夹方式如图 3-21 所示。

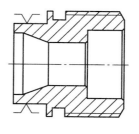

图 3-21　装夹方式

（3）任务准备单　见表3-7。

表 3-7　任务准备单

任务名称	圆柱面上不等角度梯形螺纹		图号			3-4

一、设备、附件、材料

序号	分类	名称	尺寸规格	单位	数量	备　注
1	设备	数控车床		台	1	
2	附件	自定心卡盘	200mm	套	1	
3	材料	45钢	ϕ65mm×70mm	件	1	

二、刀具、量具、工具

序号	分类	名称	刀片规格	单位	数量	图片备注
1	刀具	外圆车刀	VMMG160404	把	1	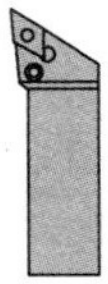
		切槽车刀	CNMG120404	把	1	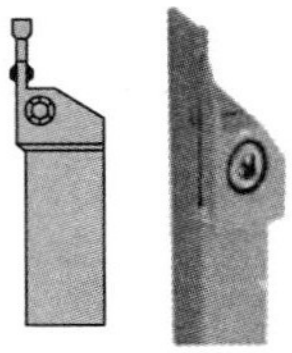
2	量具	游标卡尺	0~150mm	把	1	
		深度卡尺	0~150mm	把	1	
		百分表		只	1	
3	工具	刮刀		把	1	
		垫刀片		套	1	
		铜片		片	若干	
4	其他	工作服		套	1	
		护目镜		副	1	
		计算器		个	1	
		草稿本		本	1	

（4）车削工序卡片　见表 3-8。

表 3-8　车削工序卡片

工序	加工内容	设备	刀具	切削用量		
				转速/ （r/min）	进给量/ （mm/r）	背吃刀量/ mm
1	车螺纹	数控车床	35°菱形外圆车刀	300	15	0.1

3.4.3　螺纹的知识和程序方式

1. 刀具选择

考虑到螺纹的非工作角为 45°，刀具后角与工件不会产生干涉，在加工中可以使用。

2. 加工原理分析

由于使用的是非成形刀具，螺纹牙型不能通过刀具形状保证，因此零件加工中较为突出的工艺问题是如何正确保证锯齿形螺纹的牙型。

根据现场条件，可以采用螺纹加工指令，逐次调整进给深度，在工件表面加工 N 条螺纹，用 N 条螺纹包络形成锯齿形螺纹的牙型。

鉴于这种加工思路，同时考虑锯齿形螺纹的牙型深度和宽度都比普通螺纹要大许多，因此，加工时走刀次数将非常庞大，用常规编程方法编制的加工程序将很烦琐。数控编程中的宏程序具有允许使用变量、算术和逻辑运算及循环、条件转移等特点，可以使这种用包络线形成零件轮廓的加工方法在编程时简单方便。

3. 走刀路线设计

在加工中采用斜进法加工螺纹，采用这种加工方法时刀具单边切削，刀尖受力减少，有利于提高刀具寿命，是加工大螺距螺纹的常用方法。如图 3-22 所示，走刀路线如下：

1）刀具在工件外，沿锯齿形螺纹的 45°斜边进给一定的深度。

2）进行螺距为 15mm 的螺纹加工，完成后刀具返回至前一螺纹加工起点。

3）X 向坐标不变，刀具自右向左沿 Z 向进给一定深度。

4）进行螺距为 15mm 的螺纹加工，完成后刀具返回至前一螺纹加工起点。

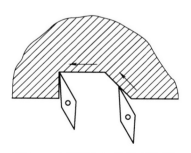

图 3-22　螺纹加工路线示意图

5）X 向坐标不变，刀具继续自右向左沿 Z 向进给，然后同步骤 4）加工；如此循环，直到 Z 坐标到达牙型左侧轮廓线，则该深度牙型余量依次全部被切除。

该宏程序将螺纹公称直径 ϕ58mm 作为#1，每次递减 0.3mm，通过条件判断会计算出 ϕ58(#1) 至 ϕ46(#2) 直径数值进行分层螺纹切削，轴向分层设定#3 为牙底宽长度和#4 为斜面宽长度，如图 3-23 和图 3-24 所示。

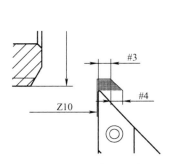

图 3-23　分层螺纹切削

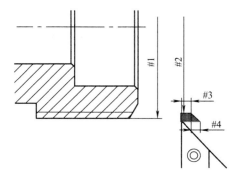

图 3-24　宏程序变量示意图

3.4.4　宏程序的编写

宏程序如下：

O0001；	
M3 S300；	
T0101；	
G00 X60 Z20；	
#1 = 58；	X 方向进刀增量值的变量，初始为直径 ϕ58mm
#2 = 46；	X 方向终点坐标
WHILE [#1GE#2] DO 1；	螺纹 X 方向斜坡切削循环
#1 = #1 − 0.1；	方向进给递增 0.1mm
#4 = 58 − #1；	计算 Z 向每次进刀起点的偏移量
#5 = 20 − [#4/2]；	螺纹 Z 向起刀点的坐标
G00 X#1 Z#5；	快进到螺纹切削起点
G32 X#1 Z−35 F15；	车削螺纹斜坡
G00 X60；	X 向退刀
Z20；	Z 向退刀
END 1；	斜坡切削循环结束
#3 = 0；	Z 方向进刀增量值的变量，初值为 0
WHILE [#3LT4.5] DO 2；	螺纹牙底的车削循环
#3 = #3 + 0.1；	Z 向进给递增 0.1mm

#6 = 14-#3；	螺纹 Z 向起刀
G00 X60 Z#6；	快进到螺纹车削起点
G32 X46 Z-35 F15；	车削螺纹牙底
G00 X60；	X 方向退刀
Z20；	Z 方向退刀
END 2；	牙底切削循环结束
G00 X100 Z100；	退刀
M30；	程序结束

3.4.5　零件加工效果

零件加工效果如图 3-25 所示。

图 3-25　零件加工效果

3.4.6　小结

用宏程序编制异形螺纹，关键在于建立一个适合的数学模型，使螺纹切削起点沿螺纹的牙槽形状不断变化，用基本螺纹指令 G32 车削，同时要分析欠切削和过切削现象，正确地计算出欠切削和过切削宽度。利用这种思路可使异形螺纹程序的编制更加容易。

3.4.7　习题

已知加工零件如图 3-26 和图 3-27，毛坯为直径 $\phi85$mm、长度 70mm 的棒料，材料为 45 钢。其配合件如图 3-28 所示。

1）分析加工工艺，编写加工步骤。

2）坐标用 X、Z 表示。

3）编写螺纹精加工程序，采用左右偏移法进刀编写宏程序。

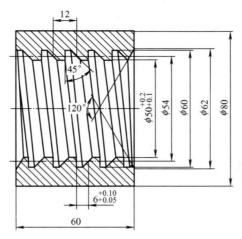

图 3-26　加工零件（一）

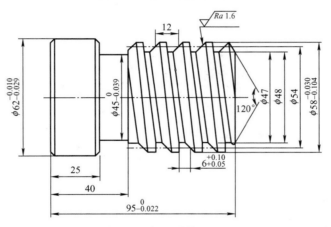

图 3-27　加工零件（二）

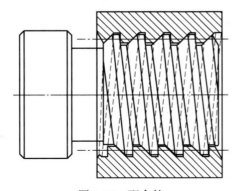

图 3-28　配合件

3.5 圆柱面上双截面圆弧槽螺旋线的编程思路与程序解析

3.5.1 零件图及加工内容

加工零件如图 3-29 所示，毛坯为 $\phi85mm \times 85mm$，材料为 45 钢，以零件右端为例，试编写数控车的圆柱面上双截面圆弧槽螺旋线宏程序。

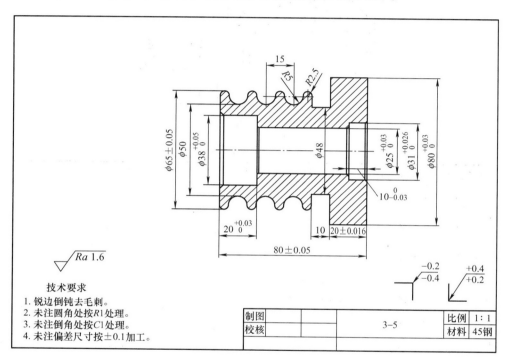

图 3-29 加工零件

3.5.2 零件图的分析

该实例要求加工编程前需要考虑以下几点：

（1）机床的选择 根据毛坯以及加工图样的要求宜采用车削加工，选择数控车床，机床系统选择 FANUC 数控系统。

（2）装夹方式 从加工的零件来分析，采用自定心卡盘进行装夹，保证夹 $\phi80$ 的已加工外圆，装夹方式如图 3-30 所示。

（3）任务准备单 见表 3-9。

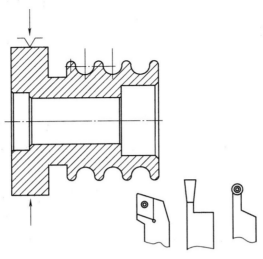

图 3-30　装夹方式

表 3-9　任务准备单

任务名称	圆柱面上双截面圆弧槽螺旋线		图号		3-5

一、设备、附件、材料

序号	分类	名称	尺寸规格	单位	数量	备注
1	设备	数控车床		台	1	
2	附件	自定心卡盘	200mm	套	1	
3	材料	45 钢	$\phi 85mm \times 85mm$	件	1	

二、刀具、量具、工具

序号	分类	名称	刀片规格	单位	数量	图片备注
1	刀具	球形车刀	SRACR2020K06	把	1	
		切槽车刀	CNMG120404	把	1	

（续）

序号	分类	名称	刀片规格	单位	数量	图片备注
1	刀具	端面车刀	CNMG120404	把	1	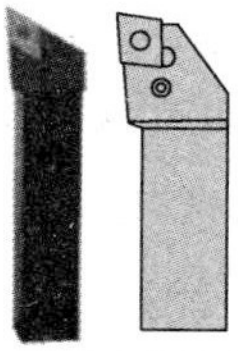
2	量具	游标卡尺	0～150mm	把	1	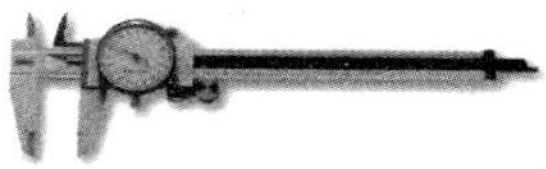
		深度卡尺	0～150mm	把	1	
		百分表		只	1	
3	工具	刮刀		把	1	
		垫刀片		套	1	
		铜片		片	若干	
4	其他	工作服		套	1	
		护目镜		副	1	
		计算器		个	1	
		草稿本		本	1	

（4）车削工序卡片　见表 3-10。

表 3-10　车削工序卡片

工序	加工内容	设备	刀具	切削用量		
				转速/ （r/min）	进给量/ （mm/r）	背吃刀量/ mm
1	粗车螺纹	数控车床	切槽车刀	300	15	0.1
2	精车螺纹 （顶部圆弧）	数控车床	R3mm 球形车刀	300	15	0.02
3	精车螺纹 （底部圆弧）	数控车床	R3mm 球形车刀	300	15	0.02

3.5.3 圆柱面上双截面圆弧槽螺旋线的编程知识和程序流程

1. 刀具选择

如图 3-31 所示，圆弧螺纹的截面形状为槽底圆弧为 $R5\text{mm}$，槽顶圆弧为 $R2.5\text{mm}$，加工深度为 7.5mm，螺距为 15mm，故选择 $R3\text{mm}$ 球头车刀进行加工。为了防止出现扎刀现象，所以先用 4mm 切槽车刀进行粗加工。

2. 加工顺序

（1）开粗　先用切槽车刀加工两圆弧中间的多余材料，用软件作图求得两圆弧之间的矩形尺寸为 6mm × 6mm 和 9mm × 4mm，采用 G92 宏程序加工，如图 3-31 所示。

（2）精加工螺纹　采用分次加工，先加工槽顶圆弧，如图 3-32 所示；后加工槽底圆弧，如图 3-33 所示。

3. 编程思路

（1）槽顶 $R2.5\text{mm}$ 圆弧　用球头车刀加工时，刀具的实际走刀路线为实际轮廓往外偏置了一个刀具半径，如图 3-32 所示，实际走

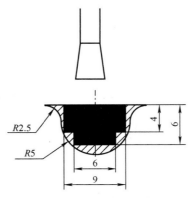

图 3-31　切槽车刀开粗

刀路线为 $R5.5\text{mm}$ 圆弧。用角度等间距分割圆弧牙型，分割的间距决定了逼近的精度，将 #1 设为角度变量，当角度发生变化时，X、Z 的坐标也产生了相应的变化，X 轴坐标为 #3 = 5.5 * SIN[#1]，Z 轴坐标为 #4 = 5.5 * COS[#1]。

（2）槽底 $R5\text{mm}$ 圆弧　用球头车刀加工时，刀具的实际走刀路线为实际轮廓往里偏置了一个刀具半径，如图 3-33 所示，实际走刀路线为 $R2\text{mm}$ 圆弧。用角度等间距分割圆弧牙型，分割的间距决定了逼近的精度，将 #1 设为角度变量，当角度发生变化时，X、Z 的坐标也产生了相应的变化，X 轴坐标为 #3 = 2 * SIN[#1]，Z 轴坐标为 #4 = 2 * COS[#1]。

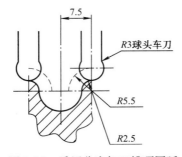

图 3-32　采用分次加工槽顶圆弧

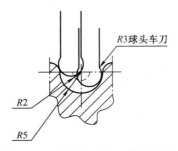

图 3-33　采用分次加工槽底圆弧

3.5.4　宏程序的编写

宏程序如下：

O0001；
M3 S300 T0303；　　　　　　　　　　开粗
G0 X65 Z10.5；
#1 = 65；
WHILE [#1GE57] DO 1；
G92 X#1 Z-55 F10；
#1 = #1-0.1；
END 1；
G0 X65 Z12；
#1 = 65；
WHILE [#1GE53] DO 1；
G92 X#1 Z-55 F10；
#1 = #1-0.1；
END 1；
G0 X65 Z14；
#1 = 65；
WHILE [#1GE53] DO 1；
G92 X#1 Z-55 F10；
#1 = #1-0.1；
END 1；
G0 X65 Z15.5；
#1 = 65；
WHILE [#1GE57] DO 1；
G92 X#1 Z-55 F10；
#1 = #1-0.1；
END 1；
G0 X100 Z100；
M05；
M00；
M3 S300 T0202；　　　　　　　　　　槽顶 *R*2.5mm 圆弧
G0 X80 Z20；
#1 = 90；　　　　　　　　　　　　　　圆弧起始角度90°
WHILE [#1GE0] DO 1；　　　　　　　条件式,圆弧终止角0°
#3 = 5.5 * SIN[#1]；　　　　　　　相对于圆弧中心 *X* 轴坐标
#4 = 5.5 * COS[#1]；　　　　　　　相对于圆弧中心 *Z* 轴坐标
G0 X[54 + 2 * #3]；　　　　　　　螺纹加工循环起点,相对于工件零点 *X* 轴坐标
Z[22.5 + #4]；　　　　　　　　　　螺纹加工循环起点,相对于工件零点 *Z* 轴坐标
G32 Z-55 F15；
G0 X80；

```
Z20；
#1 = #1 - 3；
END 1；
G0 X80 Z20；
#1 = 90；                              圆弧起始角度 90°
WHILE［#1LE180］DO 2；                  条件表达式, 圆弧终止角 180°
#3 = 5.5 * SIN［#1］；                  相对于圆弧中心 X 轴坐标
#4 = 5.5 * COS［#1］；                  相对于圆弧中心 Z 轴坐标
G0 X［54 + 2 * #3］；                   螺纹加工循环起点, 相对于工件零点 X 轴坐标
Z［22.5 + #4］；                        螺纹加工循环起点, 相对于工件零点 Z 轴坐标
G32 Z-55 F15；
G0 X80；
Z20；
#1 = #1 + 3；
END 2；
G0 X100 Z100；
M05；
M00；
M3 S300 T0202；                        槽底 R5mm 圆弧
G0 X80 Z15；                           螺纹加工起始点
#1 = 0；                               圆弧起始角度 0°
WHILE［#1LE180］DO 1；                  条件表达式, 圆弧终止角 180°
#3 = 2 * SIN［#1］；                    相对于圆弧中心 X 轴坐标
#4 = 2 * COS［#1］；                    相对于圆弧中心 Z 轴坐标
G0 X［50 - 2 * #3］；                   螺纹加工循环起点, 相对于工件零点 X 轴坐标
Z［15 + #4］；                          螺纹加工循环起点, 相对于工件零点 Z 轴坐标
G32 Z-55 F15；
G0 X80；
Z15；
#1 = #1 + 3；
END 1；
G0 X100 Z100；
M30；
```

3.5.5 零件加工效果

零件加工效果如图 3-34 所示。

3.5.6 小结

在异形螺纹的宏程序编程过程中，正确获得螺纹牙型曲线的数学表达式是编程的关键；其次确定曲线表达式的等角度分割变量及取值范围，并按牙型曲线的坐标系编程；最后转换成加工坐标系的螺纹加工程序。

图 3-34　零件加工效果

3.5.7　习题

已知加工零件如图 3-35 所示，毛坯为直径 $\phi100$mm、长度为 40mm 的棒料，材料为 45 钢。

1）分析加工工艺，编写加工步骤。

2）坐标用 X、Z 表示。

3）编写凸圆弧螺纹宏程序。

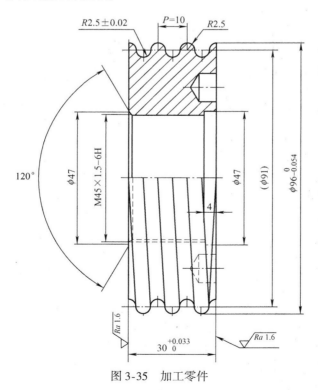

图 3-35　加工零件

第4章 数控铣宏程序之孔加工实例

本章内容提要

　　本章将通过平面钻孔、螺旋铣孔、圆周钻孔三个简单的实例，介绍宏程序编程在数控铣钻孔中的应用。这些实例的编程虽然简单，但在孔加工中也是较为常见的加工任务，因此，熟练掌握宏程序编程在孔加工中的应用是学习宏程序编程最基本的要求。

4.1　平面钻孔的编程思路与程序解析

4.1.1　零件图及加工内容

　　加工零件如图 4-1 所示，毛坯为 180mm × 60mm × 30mm 的长方体，材料为 45 钢，在长方体表面加工 8 个均匀分布的通孔，孔直径为 10mm，孔与孔的间距为 20mm，试编写数控铣平面钻孔的宏程序。

4.1.2　零件图的分析

　　该实例要求加工 8 个均匀分布在长方体表面上的直线排列通孔，毛坯尺寸为 180mm × 60mm × 30mm，加工编程前需要考虑以下几点：

　　（1）机床的选择　根据毛坯以及加工图样的要求宜采用铣削加工，选择数控铣床，机床系统选择 FANUC 数控系统。

　　（2）装夹方式　从加工的零件来分析，无论是采用机用虎钳装夹，还是采用螺栓、压板方式装夹，均能达到加工要求，但由于此零件上的加工内容都为 φ10mm 的通孔，需要在该零件下表面垫等高块，同时为防止加工中钻头钻到等高块，在放置等高块时其位置要远离孔的加工位置。本实例中根据孔的数量、类型以及毛坯的尺寸，比较适合用机用虎钳装夹方式，装夹时注意位置，不能影响对刀操作，装夹方式如图 4-2 所示。

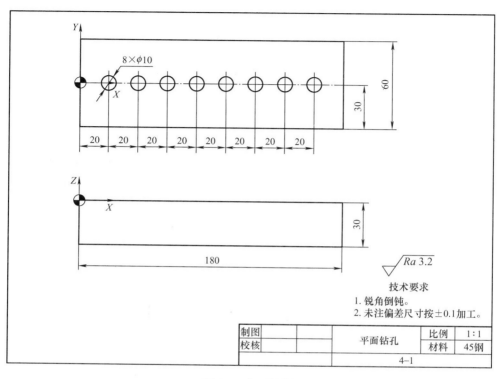

技术要求

1. 锐角倒钝。
2. 未注偏差尺寸按±0.1加工。

制图			平面钻孔	比例	1:1
校核				材料	45钢
				4—1	

图 4-1　加工零件

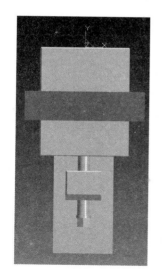

图 4-2　装夹方式

（3）任务准备单　见表4-1。

表4-1　任务准备单

任务名称		平面钻孔		图号		4-1

一、设备、附件、材料

序号	分类	名称	尺寸规格	单位	数量	备注
1	设备	数控铣床（加工中心）	FVP1000	台	1	
2	附件	机用虎钳及扳手	150mm	套	1	
3	材料	45钢	180mm×60mm×30mm	件	1	板料

二、刀具、量具、工具

序号	分类	名称	尺寸规格	单位	数量	备注
1	刀具	90°中心钻	ϕ3mm	支	1	
		麻花钻	ϕ10mm	支	1	
2	量具	游标卡尺	0~150mm	把	1	
3	刀具系统	弹簧刀柄	ER32	套	1	相配夹套
		钻夹头刀柄	ϕ0.5~ϕ13mm	个	1	
4	工具	刮刀		把	1	
		等高块		套	1	
		铜片		片	若干	
		活扳手		把	1	
		铜棒		根	1	
		锉刀	细锉	套	1	
		刷子		把	1	
5	其他	工作服		套	1	
		护目镜		副	1	
		计算器		个	1	
		草稿本		本	1	

（4）编程原点的选择　本实例 X、Y 方向编程原点的选择没有特殊要求，只需便于编程即可，以下情况均可作为本实例的编程原点。

1）编程原点选择在零件左侧边的中点位置或零件右侧边的中点位置。

2）编程原点选择在长方体的八个顶点。

3）编程原点选择零件表面的中心位置。

在本实例中，确定 X、Y 方向的编程原点选在零件的左侧边中心位置，Z 方向编程原点在零件的上表面，输入 G54 工件坐标系。

（5）安装寻边器，找正零件的编程原点　略。

（6）确定转速和进给量

1）90°中心钻转速为 1200r/min，进给量为 70mm/min。

2）φ10mm 麻花钻转速为 800r/min，进给量为 100mm/min。

（7）钻孔工序卡片　见表 4-2。

表 4-2　钻孔工序卡片

工序	加工内容	设备	刀具	切削用量		
				转速/（r/min）	进给量/（mm/min）	背吃刀量/mm
1	钻中心孔	数控铣床	中心钻	1200	70	—
2	钻孔	数控铣床	麻花钻	800	100	—

4.1.3　宏程序算法及程序流程

1. 算法的设计

1）该实例钻孔过程规划为：X、Y 轴快速移动到孔的加工位置，然后进行钻孔循环，钻到预定深度后，Z 轴抬刀到安全平面，准备移至下一个位置孔进行加工。FANUC 系统提供了一系列钻孔循环来满足不同孔的加工需求，因此对于编程来说，只要找准孔位置在零件中的坐标值，以及考虑孔加工的路径即可，至于加工孔的循环过程则由机床按照编程人员给定的指令和参数来完成。

2）由图 4-1 可知，零件中 8 个通孔的位置呈线性排开，孔直径大小相等，且孔与孔之间的距离也相等。采用宏程序编程只需要知道第一个孔的位置坐标，然后通过变量的运算，即可以控制其余 7 个孔的位置，结合钻孔循环 G83 指令来编写宏程序。

3）控制循环结束的条件，可以采用以下两种算法：

① 以孔的个数作为循环结束的判定条件。设置变量#1 控制钻孔的个数。设置#1 = 8（也可以设置#1 = 0），每钻好一个孔，#1 = #1 - 1，通过条件判断语句"IF［#1GT0］GOTO 10"或"IF［#1LT8］GOTO 10"实现连续钻 7 个孔的循环过程。

② 采用 X 轴的坐标值作为循环结束的判定条件。设置#1 = 20，每钻好一个孔后，通过语句 #1 = #1 + 20 的累加，使 X 轴移动到下一个钻孔位置，通过条件判断语句"IF［#1GE160］GOTO 10"实现连续钻 8 个孔的循环过程。

4）钻孔固定循环的过程可以采用 FANUC 数控系统提供的钻孔循环 G83 指令来实现，也可以采用 G01 直线进给的方式，设置#2 号变量控制每次钻孔的深度，采用 G01 X #2 和 #2 = #2 + 3，通过每次钻深 3mm，这样有利于排屑，最后通过判断孔的深度来完成整个钻孔过程。

2. 程序流程

根据以上对图样和算法的设计，规划的钻孔刀路轨迹如图 4-3 所示。

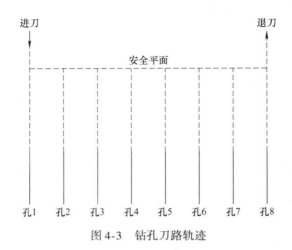

图 4-3　钻孔刀路轨迹

下面以 G83 钻孔固定循环为例，设计该零件加工宏程序流程。

设：X 方向变量为#1，#1 的取值范围为#1 = 20 ~ 160mm

……；

#1 = 20；

使用循环语句：N10 G98 G83 X#1 Y0 Z–40 R3 Q5 F100；

　　　　　　　　　　　　#1 = #1 + 20；　每次 X 方向增加 20mm

　　　　　　　　　　　　IF［#1GE160］GOTO 10；

　　　　　　　　　　　　……；

4.1.4　宏程序的编写

宏程序如下：

O0001；	
G40 G49 G69 G80 G17；	常用指令取消
G91 G28 Z0；	Z 轴移到机床参考点
G90 G54 G0 X0 Y0；	快速定位工件坐标系
M03 S800；	主轴正转
G43 H2 Z100；	刀具长度补偿
M08；	切削液打开
#1 = 20；	#1 赋值
N10 G98 G83 X#1 Y0 Z – 40 R3 Q5 F100；	G83 钻孔循环

#1 = #1 ＋ 20；	修改 X 轴移动量，每次 20mm
IF［#1GE160］GOTO 10；	条件判断语句，条件成立时返回 N10 程序段， 否则往下执行 G80
G80；	钻孔循环取消
G91 G28 Z0；	Z 轴移到机床参考点
G28 Y0；	Y 轴移到机床参考点
M05；	主轴停止
M09；	切削液关闭
M30；	程序结束

4.1.5　零件加工效果

零件加工效果如图 4-4 所示。

图 4-4　零件加工效果

4.1.6　小结

1）钻孔循环指令 G83 是模态代码，一旦指定，就一直保持有效，直到用 G80 取消该指令为止，因此本程序中只使用了一次，其余都是改变 X 方向的#1 来实现连续钻孔的。

2）变量#1 和 "IF［#1GE160］GOTO 10" 的作用：

① 变量#1 是作为控制程序流向执行的依据。比如水库闸门的作用：当水位上涨到一定高度就开闸放水，否则水闸关闭，而开闸放水的条件就是水位达到一定的高度。

② "IF［#1GE160］GOTO 10" 和 N10 之间的循环语句实现控制加工孔的循环过程。其中的判断条件［#1GE160］是将已加工孔的位置和需要加工孔的位置进行比较，从而实现判别。

4.1.7　习题

已知加工零件如图 4-5 所示，材料为 45 钢，编写加工宏程序。

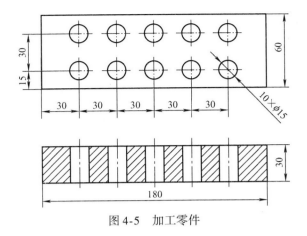

图 4-5　加工零件

4.2　螺旋铣孔的编程思路与程序解析

4.2.1　零件图及加工内容

加工零件如图 4-6 所示，毛坯为 100mm × 100mm × 50mm 的方块体，材料为 45 钢，在正方体表面加工一个直径为 φ50mm、深为 25mm 的孔，试编写数控铣螺旋铣孔的宏程序。

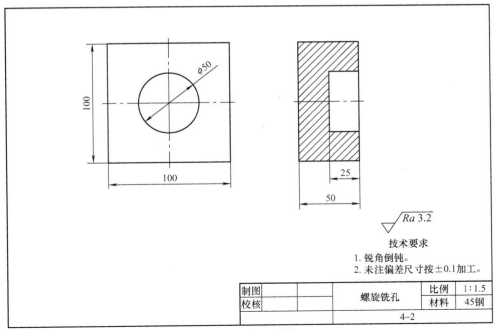

图 4-6　加工零件

4.2.2 零件图的分析

该实例要求加工一个孔直径为 $\phi50mm$、深为 25mm 的孔，毛坯尺寸为 $100mm \times 100mm \times 50mm$，加工编程前需要考虑以下几点：

（1）机床的选择 根据毛坯以及加工图样的要求宜采用铣削加工，选择数控铣床，机床系统选择 FANUC 数控系统。

（2）装夹方式 从加工的零件来分析，无论采用机用虎钳装夹，还是采用螺栓、压板方式装夹，均能达到加工要求，但装夹时需要考虑孔和毛坯上平面的垂直关系，所以在装夹工件时要保证工件上平面与工作台平行。本实例中根据毛坯的类型和尺寸，比较适合用机用虎钳装夹方式，装夹时注意位置，不能影响对刀操作，装夹方式如图4-7所示。

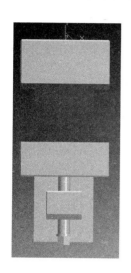  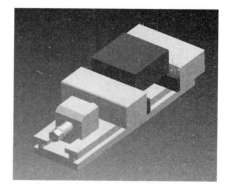

图4-7 装夹方式

（3）任务准备单 见表4-3。

表4-3 任务准备单

任务名称		螺旋铣孔		图号		4-6
一、设备、附件、材料						
序号	分类	名称	尺寸规格	单位	数量	备注
1	设备	数控铣床（加工中心）	FVP1000	台	1	
2	附件	机用虎钳及扳手	150mm	套	1	
3	材料	45 钢	$100mm \times 100mm \times 50mm$	件	1	板料

（续）

二、刀具、量具、工具

序号	分类	名称	尺寸规格	单位	数量	备注
1	刀具	机夹铣刀	$\phi25mm$	支	1	
		立铣刀	$\phi10mm$	支	1	
2	量具	游标卡尺	0～150mm	把	1	
3	刀具系统	弹簧刀柄	ER32	套	1	相配夹套
		强力刀柄	BT40	套	1	相配夹套
4	工具	刮刀		把	1	
		等高块		套	1	
		铜片		片	若干	
		活扳手		把	1	
		铜棒		根	1	
		锉刀	细锉	套	1	
		刷子		把	1	
5	其他	工作服		套	1	
		护目镜		副	1	
		计算器		个	1	
		草稿本		本	1	

（4）编程原点的选择　本实例 X、Y 方向编程原点的选择没有特殊要求，只需便于编程即可，以下情况均可作为本实例的编程原点。

1）编程原点选择在零件左侧边的中点位置或零件右侧边的中点位置。

2）编程原点选择在长方体的八个顶点。

3）编程原点选择在零件表面的中心位置。

在本实例中，确定 X、Y 方向的编程原点选在零件的正中心位置，Z 方向编程原点在零件的上表面，输入 G54 工件坐标系。

（5）安装寻边器，找正零件的编程原点　略。

（6）确定转速和进给量

1）$\phi25mm$ 机夹铣刀转速为 1000r/min，进给量为 700mm/min。

2）$\phi10mm$ 立铣刀转速为 3500r/min，进给量为 500mm/min。

（7）铣孔工序卡片　铣孔工序卡片见表 4-4。

表 4-4　铣孔工序卡

工序	加工内容	设备	刀具	切削用量		
				转速/ （r/min）	进给量/ （mm/min）	背吃刀量/ mm
1	粗铣	数控铣床	φ25mm 机夹铣刀	1000	700	1
2	精铣	数控铣床	φ10mm 立铣刀	3500	500	5

4.2.3　宏程序算法及程序流程

1. 算法的设计

1）该实例孔加工属于较为常见的方式，考虑孔为平底不通孔形式，可以采用立铣刀铣削内孔方式，其中进刀方式有多种选择，如中心垂直下刀、Z 向斜线进刀和螺旋进刀方式。

2）本孔铣削深度为 25mm，深度相对较深，材料又为钢材可以采用螺旋铣削方式加工内孔，螺旋铣削的切削用量如果恒定，则切削力比较平缓，能够减少让刀现象，保证孔深度和直径方向上的一致性。可以设置一个变量来控制深度方向上的变化。

3）规划螺旋铣孔的平面轨迹如图 4-8 所示；螺旋铣孔的三维刀路轨迹如图 4-9 所示。螺旋铣削主要是利用数控系统螺旋插补指令 G02/G03，这种螺旋式加工，采用铣刀的侧刃切入工件，而且吃刀量是由 0 逐渐增大至规定数值，在切削过程中切削力比较平缓，因此被广泛用于各类孔加工。

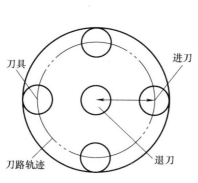

图 4-8　螺旋铣孔的平面轨迹

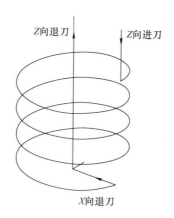

图 4-9　螺旋铣孔的三维刀路轨迹

4）在铣削开始和结尾处，可以采用刀具半径补偿或刀具中心编程的方式，切入或退出工件时可以采用直线过渡或圆弧过渡的方式。

5）控制循环结束的条件：

① 加工内孔时可以采用 G02/G03 铣削整圆或 G01 直线拟合方式来铣削整圆。为了编程方便，采用 G02/G03 铣削整圆。

② 本实例中，采用 Z 轴的坐标值作为循环结束的判定条件，所以把加工深度设成变量 #1，初始加工深度 #1 = -5，每层加工深度设成固定值，但考虑系统计算的问题，为了使加工深度到位，必须把每层加工深度与最终加工深度设成倍数的关系，避免多切或少切。本实例孔深为 25mm，设每层加工深度为 5mm，获得赋值语句 #1 = #1-5，变量值逐渐递增，即每走一个整圆，#1 变量值就增加 5mm，使得能够呈螺旋线形式分层铣削工件，该螺旋线运动需要三轴联动来完成，获得程序 "G02/G03 I __ J __ Z#1 F __" 实现一层螺旋铣削内孔，通过条件判断语句 "IF［#1 GE-30］GOTO 10" 实现螺旋铣孔的循环过程。

③ 由于是以螺旋线的方式逐渐切入工件的，因此当加工深度达到要求时，系统会自动结束加工，但此时内孔底面会留有一层螺旋形的残料，如图 4-10 所示。可以在螺旋加工结束后，让 Z 轴在当前位置采用 "G02/G03 I __" 语句铣削一个整圆，把余量去除。

图 4-10　螺旋形残料

2. 程序流程

根据以上对图样和算法的设计，最终螺旋铣孔的刀路轨迹如图 4-11 所示。下面以 G83 钻孔固定循环为例，设计该零件加工宏程序流程。

设：Z 方向变量为 #1，#1 的取值范围为 #1 = -5 ~ -25mm

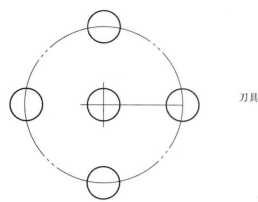

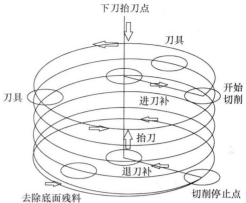

图 4-11　螺旋铣孔的刀路轨迹

……；

#1 = -5；

使用循环语句：N10 G03 I-25 J0 Z#1 F700；

条件不成立

　　　　　　　　　#1 = #1-5；　每次 Z 方向增加 5mm

　　　　　　　　　　IF［#1GE-25］GOTO 10；

　　　　　　　　　……；

条件成立

4.2.4　宏程序的编写

宏程序如下：

O0001；	
G40 G49 G69 G80 G17；	常用指令取消
G91 G28 Z0；	Z 轴移到机床参考点
G90 G54 G0 X0 Y0；	快速定位工件坐标系
M03 S3500；	主轴正转,转速 3500r/min
G43 H2 Z100；	刀具长度补偿
M08；	切削液打开
G0 Z3；	快速下刀至安全平面
G01 Z0 F200；	Z 向进刀至 0 位
G41 X25 Y0 F300；	直线进刀补
#1 = -5；	#1 赋值
N10 G03 I-25 J0 Z#1 F500；	G03 走整圆,同时 Z 轴向下切削
#1 = #1-5；	修改 Z 轴移动量,每次 5mm
IF［#1GE-25］GOTO 10；	条件判断语句,条件成立时返回 N10 程序段,否则往

	下执行 G03
G03 I-25 J0;	钻孔循环取消
G01 G40 X0 Y0;	取消刀补至零点
G91 G28 Z0;	Z 轴移到机床参考点
G28 Y0;	Y 轴移到机床参考点
M05;	主轴停止
M09;	切削液关闭
M30;	程序结束

4.2.5 零件加工效果

零件加工效果如图 4-12 所示。

图 4-12 零件加工效果

4.2.6 小结

1）螺旋铣孔只要是用在孔径较大、深度较深的零件上，就可利用数控系统的螺旋插补指令 G02/G03 进行加工，采用铣刀的侧刃切入工件，铣削过程中切削力比较平缓，对刀具保护较好。

2）变量#1 和 "IF［#1GE-25］GOTO 10" 的作用：

① 变量#1 是作为控制程序流向执行的依据。比如水库闸门的作用：当水位上涨到一定高度就开闸放水，否则水闸关闭，而开闸放水的条件就是水位达到一定的高度。

② "IF［#1GE-25］GOTO 10" 和 N10 之间的循环语句实现控制加工深度的循环过程。其中的判断条件［#1GE-25］是将已加工深度的位置和需要加工深度的位置进行比较，从而实现判别。

4.2.7 习题

已知加工零件如图 4-13 所示，材料为 45 钢，编写加工宏程序。

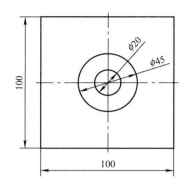
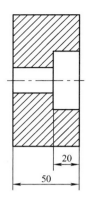

图 4-13　加工零件

4.3　圆周钻孔的编程思路与程序解析

4.3.1　零件图及加工内容

加工零件如图 4-14 所示，毛坯为 $\phi120\mathrm{mm}\times50\mathrm{mm}$ 的圆柱体，材料为 45 钢，

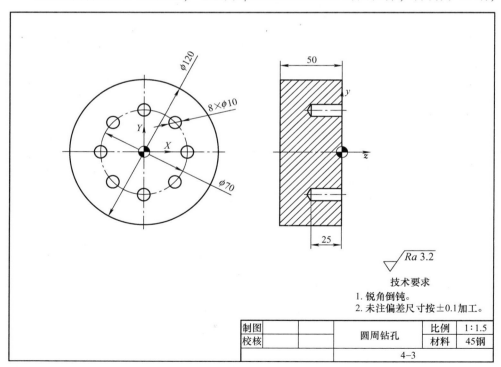

图 4-14　加工零件

在圆柱体表面加工 8 个环形均匀分布的孔，分度圆直径为 $\phi70mm$，孔直径为 $\phi10mm$，孔与孔之间的角度为 45°，孔的有效深度为 25mm，试编写数控铣圆周钻孔的宏程序。

4.3.2　零件图的分析

该实例要求加工 8 个分布在圆柱体表面上的环形均布排列孔，毛坯尺寸为 $\phi120mm \times 50mm$，加工编程前需要考虑以下几点：

（1）机床的选择　根据毛坯以及加工图样的要求宜采用铣削加工，选择数控铣床，机床系统选择 FANUC 数控系统。

（2）装夹方式　从加工的零件来分析，本零件为圆柱体，无论是采用机用虎钳装夹，还是采用螺栓、压板方式装夹，均能达到加工要求，但是安装不可靠，且影响对刀，所以可以采用 V 形块或自定心卡盘装夹。由于此零件上的加工内容都为深度 25mm 的不通孔，不需要在该零件下表面垫等高块，可以让工件下表面直接接触夹具。本实例中根据孔的数量、类型以及毛坯的尺寸，比较适合用自定心卡盘的装夹方式，这样装夹时位置准确，而且不影响对刀操作，装夹方式如图 4-15 所示。

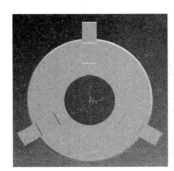

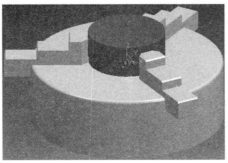

图 4-15　装夹方式

（3）任务准备单 见表 4-5。

表 4-5 任务准备单

任务名称			圆周钻孔		图号		4-14
一、设备、附件、材料							
序号	分类	名称	尺寸规格		单位	数量	备注
1	设备	数控铣床（加工中心）	FVP1000		台	1	
2	附件	自定心卡盘	300mm		套	1	
3	材料	45 钢	$\phi120mm \times 50mm$		件	1	棒料
二、刀具、量具、工具							
序号	分类	名称	尺寸规格		单位	数量	备注
1	刀具	90°中心钻	$\phi3mm$		支	1	
		麻花钻	$\phi10mm$		支	1	
2	量具	游标卡尺	0～150mm		把	1	
3	刀具系统	弹簧刀柄	ER32		套	1	相配夹套
		钻夹头刀柄	$\phi0.5～\phi13mm$		个	1	
4	工具	刮刀			把	1	
		铜片			片	若干	
		活扳手			把	1	
		铜棒			根	1	
		锉刀	细锉		套	1	
		刷子			把	1	
5	其他	工作服			套	1	
		护目镜			副	1	
		计算器			个	1	
		草稿本			本	1	

（4）编程原点的选择 在本实例中，确定 X、Y 方向的编程原点选在零件中心位置，Z 方向编程原点在零件的上表面，输入 G54 工件坐标系。

（5）安装寻边器，找正零件的编程原点 略。

（6）确定转速和进给量

1）90°中心钻转速为 1200r/min，进给量为 70mm/min。

2）$\phi10mm$ 麻花钻转速为 800r/min，进给量为 100mm/min。

（7）钻孔工序卡片 见表 4-6。

表 4-6 钻孔工序卡片

工序	加工内容	设备	刀具	切削用量		
				转速/（r/min）	进给量/（mm/min）	背吃刀量/mm
1	钻中心孔	数控铣床	中心钻	1200	70	—
2	钻孔	数控铣床	麻花钻	800	100	—

4.3.3　宏程序算法及程序流程

1. 算法的设计

1）该实例钻孔过程规划为：X、Y轴快速移动到孔的加工位置，然后进行钻孔循环，钻到预定深度后，Z轴抬刀到安全平面，准备移至下一个位置孔进行加工。FANUC系统提供了一系列钻孔循环来满足不同孔的加工需求，因此对于编程来说，只要找准孔位置在零件中的坐标值，以及考虑孔加工的路径即可，至于加工孔的循环过程则由机床按照编程人员给定的指令和参数来完成。

2）由图4-14可知，零件中8个不通孔的位置呈环形排列，孔直径大小相等，且孔与孔之间的距离也相等。关于圆周上孔位置的坐标计算，有以下三种方法：

① 建立数学模型，利用三角函数。

② 利用极坐标指令G15/G16。采用极坐标方法，结合钻孔循环指令。

③ 使用旋转坐标系，通过角度的变化，结合钻孔循环指令。

3）本次采用旋转坐标系的方法，宏程序编程只需要知道第一个孔的位置坐标与其余孔之间的夹角，然后使用G68旋转坐标系指令，通过变量角度的运算，即可以控制其余7个孔的位置，结合钻孔循环G83指令来编写宏程序代码。

4）控制循环结束的条件，可以采用以下算法：

以孔与孔的角度作为循环结束的判定条件。设置变量#1控制钻孔的角度。设置#1 = 0，每钻好一个孔，通过语句 #1 = #1 + 45 的角度累加，使X、Y坐标移动到下一个钻孔位置，通过条件判断语句"IF［#1LE360］GOTO 10"或"IF［#1LT361］GOTO 10"实现连续钻8个孔的循环过程。

5）钻孔固定循环的过程可以采用FANUC数控系统提供的钻孔循环G83指令来实现。

2. 程序流程

根据以上对图样和算法的设计，规划的钻孔刀路轨迹如图4-16所示。

下面以G83钻孔固定循环为例，设计该零件加工宏程序流程。

设：角度变量为#1，#1的取值范围为#1 = 0° ~ 360°

……；

#1 = 0；

使用循环语句：N10 G68 X0 Y0 R#1；

G98 G83 X35 Y0 Z–25 R3 Q5 F100；

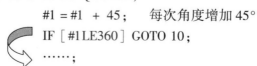

　　　　　　　　#1 = #1 + 45；　　每次角度增加45°

　　　　　　　　IF［#1LE360］GOTO 10；

　　　　　　　　……；

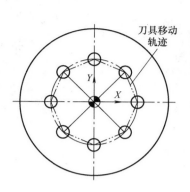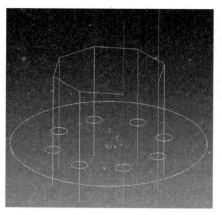

图 4-16 钻孔刀路轨迹

4.3.4 宏程序的编写

宏程序如下：

O0001；	
G40 G49 G69 G80 G68 G17；	常用指令取消
G91 G28 Z0；	Z 轴移到机床参考点
G90 G54 G0 X0 Y0；	快速定位工件坐标系
M03 S800；	主轴正转
G43 H2 Z100；	刀具长度补偿
M08；	切削液打开
#1 = 0；	#1 赋值
N10 G68 X0 Y0 R#1；	坐标系旋转
G98 G83 X35 Y0 Z−25 R3 Q5 F100；	G83 钻孔循环
#1 = #1 + 45；	修改角度移动量，每次 45°
IF ［#1LE360］GOTO 10；	条件判断语句，条件成立时返回 N10 程序段，否则往下执行 G80
G80；	钻孔循环取消
G68；	坐标系旋转取消
G91 G28 Z0；	Z 轴移到机床参考点
G28 Y0；	Y 轴移到机床参考点
M05；	主轴停止
M09；	切削液关闭
M30；	程序结束

4.3.5 零件加工效果

零件加工效果如图 4-17 所示。

4.3.6　小结

1）钻孔循环指令 G83 是模态代码，一旦指定，就一直保持有效，直到用 G80 取消该指令为止，因此本程序只使用了一次，其余都是改变角度的大小变量#1 来实现连续钻孔的。

2）变量#1 和"IF［#1LE360］GOTO 10"的作用：

① 变量#1 是作为控制程序流向执行的依据。比如水库闸门的作用：当水位上涨到一定

图 4-17　零件加工效果

高度就开闸放水，否则水闸关闭，而开闸放水的条件就是水位达到一定的高度。

② "IF［#1LE360］GOTO 10" 和 N10 之间的循环语句实现控制加工孔的循环过程。其中的判断条件 ［#1LE360］ 是将已加工孔的位置和需要加工孔的位置进行比较，从而实现判别。

4.3.7　习题

已知加工零件如图 4-18 所示，材料为 45 钢，编写加工宏程序。

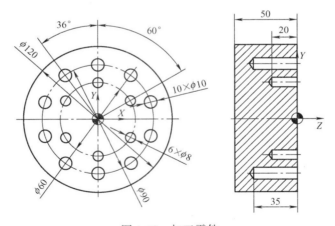

图 4-18　加工零件

第5章 数控铣宏程序之平面轮廓加工实例

本章内容提要

本章将通过分层铣削、铣圆、椭圆铣削、放射铣圆四个简单的实例，介绍宏程序编程在数控铣轮廓加工中的应用。这些实例的编程虽然简单，但在平面轮廓加工中也是较为常见的加工任务，因此，熟练掌握宏程序编程在轮廓加工中的应用是学习宏程序编程最基本的要求。

5.1 分层铣削的编程思路与程序解析

5.1.1 零件图及加工内容

加工零件如图 5-1 所示，毛坯为 120mm × 120mm × 50mm 的板料，材料为 45

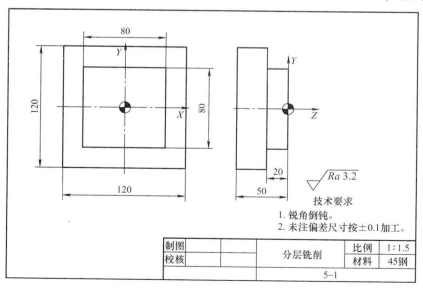

图 5-1 加工零件

钢,在毛坯表面加工 80mm×80mm×20mm 的正方体凸台,试编写数控铣分层铣削的宏程序。

5.1.2 零件图的分析

该实例要求加工 80mm×80mm×20mm 的正方体凸台,毛坯尺寸为 120mm×120mm×50mm 的板料,加工编程前需要考虑以下几点:

(1)机床的选择 根据毛坯以及加工图样的要求宜采用铣削加工,选择数控铣床,机床系统选择 FANUC 数控系统。

(2)装夹方式 从加工的零件来分析,本零件采用机用虎钳装夹,对加工和对刀操作都比较方便,同时记得在工件下方放置等高块,装夹方式如图 5-2 所示。

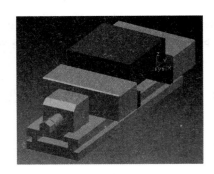

图 5-2　装夹方式

(3)任务准备单　见表 5-1。

表 5-1　任务准备单

任务名称	分层铣削			图号		5-1
一、设备、附件、材料						
序号	分类	名称	尺寸规格	单位	数量	备注
1	设备	数控铣床（加工中心）	FVP1000	台	1	
2	附件	机用虎钳及扳手	150mm	套	1	
3	材料	45 钢	120mm×120mm×50mm	件	1	板料
二、刀具、量具、工具						
序号	分类	名称	尺寸规格	单位	数量	备注
1	刀具	机夹铣刀	φ25mm	支	1	
		立铣刀	φ10mm	支	1	

（续）

序号	分类	名称	尺寸规格	单位	数量	备注
2	量具	游标卡尺	0～150mm	把	1	
3	刀具系统	弹簧刀柄	ER32	套	1	相配夹套
		强力刀柄	BT40	套	1	相配夹套
4	工具	刮刀		把	1	
		等高块		套	1	
		铜片		片	若干	
		活扳手		把	1	
		铜棒		根	1	
		锉刀	细锉	套	1	
		刷子		把	1	
5	其他	工作服		套	1	
		护目镜		副	1	
		计算器		个	1	
		草稿本		本	1	

（4）编程原点的选择　本实例 X、Y 方向编程原点的选择没有特殊要求，只需便于编程即可，以下情况均可作为本实例的编程原点。

1）编程原点选择在零件左侧边的中点位置或零件右侧边的中点位置。

2）编程原点选择在正方形的四个顶点。

3）编程原点选择在零件表面的中心位置。

在本实例中，确定 X、Y 方向的编程原点选在零件的中心位置，Z 方向编程原点在零件的上表面，输入 G54 工件坐标系。

（5）安装寻边器，找正零件的编程原点　略。

（6）确定转速和进给量

1）φ25mm 机夹铣刀转速为 1000r/min，进给量为 700mm/min。

2）φ10mm 立铣刀转速为 3500r/min，进给量为 500mm/min。

（7）铣削工序卡片　见表 5-2。

表 5-2　铣削工序卡片

工序	加工内容	设备	刀具	切削用量		
				转速/（r/min）	进给量/（mm/min）	背吃刀量/mm
1	粗铣	数控铣床	φ25mm 机夹铣刀	1000	700	1
2	精铣	数控铣床	φ10mm 立铣刀	3500	500	5

5.1.3 宏程序算法及程序流程

1. 算法的设计

1）该实例铣削路径规划为：X、Y 轴快速移动到工件外边，下刀至加工深度，进行刀具半径补偿，加工轮廓，取消刀具半径补偿，抬刀结束程序，如图 5-3 所示。

2）由于图样要求加工轮廓深度较深，刀具性能有限，因此可以把加工深度分多次加工，利用变量来控制加工深度。可以把总深度 20mm 等分成 4 次加工，每次

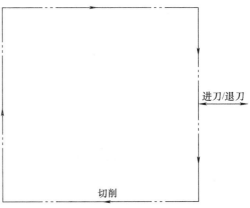

图 5-3 轮廓加工轨迹

5mm，通过变量#1 控制 Z 轴来实现，如图 5-4 所示。

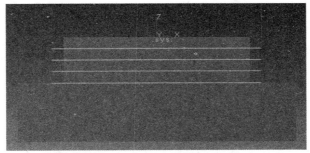

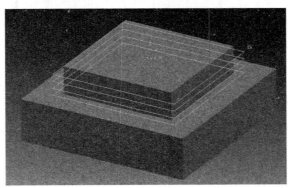

图 5-4 分层铣削凸台刀路轨迹

3）控制循环结束的条件，可以采用以下算法：

以每层的加工深度作为循环结束的判定条件。设置变量#1 控制 Z 轴加工

深度。设置#1 = - 5，每加工完一层，#1 = #1-5，通过条件判断语句"IF［#1 GE-20］GOTO 10"实现连续加工 4 层的循环过程。

2. 程序流程

根据以上对图样和算法的设计，规划的分层铣削刀路轨迹如图 5-5 所示。

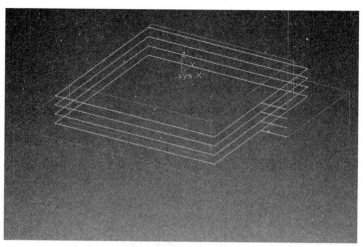

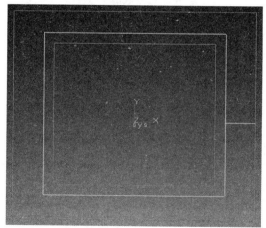

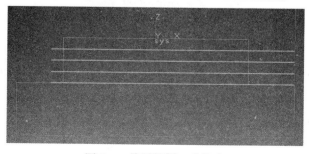

图 5-5　分层铣削刀路轨迹

设：Z 方向变量为#1，#1 的取值范围为#1 = −5 ～ −20mm

……；

#1 = −5；

使用循环语句：N10 G01 Z#1 F500；

　　　　　　　　G41 X40 Y0 D2 F500；

　　　　　　　　……；

　　　　　　　　G40 X50 Y0；

　　　　　　　　#1 = #1−5；　每次 Z 方向下降 5mm

　　　IF［#1GE−20］GOTO 10；

　　　　　　　　……；

5.1.4 宏程序的编写

宏程序如下：

O0001；	
G40 G49 G69 G80 G17；	常用指令取消
G91 G28 Z0；	Z 轴移到机床参考点
G90 G54 G0 X0 Y0；	快速定位工件坐标系
M03 S3500；	主轴正转
G43 H2 Z100；	刀具长度补偿
M08；	切削液打开
G0 X60 Y0；	快速移动至下刀点
Z3；	Z 轴下至安全平面
#1 = −5；	#1 赋值
N10 G01 Z#1 F500；	Z 轴下刀
G41 X40 Y0 D2 F500；	刀具半径补偿
Y−40；	轮廓加工
X−40；	轮廓加工
Y40；	轮廓加工
X40；	轮廓加工
Y0；	轮廓加工
G40 X60 Y0；	取消刀具半径补偿
#1 = #1−5；	修改 Z 轴移动量，每次 5mm
IF［#1GE−20］GOTO 10；	条件判断语句，条件成立时返回 N10 程序段，否则往下执行
G91 G28 Z0；	Z 轴移到机床参考点
G28 Y0；	Y 轴移到机床参考点
M05；	主轴停止
M09；	切削液关闭
M30；	程序结束

5.1.5　零件加工效果

零件加工效果如图 5-6 所示。

图 5-6　零件加工效果

5.1.6　小结

1）关于刀具半径补偿建立和取消的说明：

① G41 表示刀具半径左补偿，即沿着刀具进给方向看，刀具中心在加工零件的左侧；G42 表示刀具半径右补偿，即沿着刀具进给方向看，刀具在加工零件的右侧。

在本程序中，"G41 X40 Y0 D2 F500；"中的 D2 不能省略，如果省略了 D2，那么即使在程序中有 G41 或 G42 指令，刀具半径补偿也无法建立。

② 从无刀具半径补偿进入刀具补偿状态，或撤销刀具半径补偿时，刀具必须移动一段距离，且移动的距离必须大于刀具半径，否则刀具会出现过切或机床报警。

③ 在执行 G41、G42、G40 指令时，移动指令只能用 G01 或 G00，不能使用 G02、G03 和别的 G 指令，否则系统会出现报警。

2）变量#1 和 "IF［#1GE−20］GOTO 10" 的作用：

① 变量#1 是作为控制程序流向执行的依据，通过每次深度的累加，完成最终加工深度。

② "IF［#1GE−20］GOTO 10" 和 N10 之间的循环语句实现控制加工轮廓深度的循环过程。其中的判断条件［#1 GE−20］是将已加工深度的位置和需要加工深度的位置进行比较，从而实现判别。

5.1.7　习题

已知加工零件如图 5-7 所示，材料为 45 钢，编写加工宏程序。

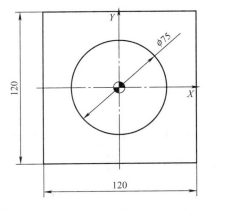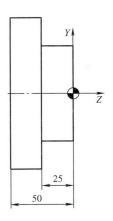

图 5-7　加工零件

5.2　铣圆的编程思路与程序解析

5.2.1　零件图及加工内容

加工零件如图 5-8 所示，毛坯为 120mm × 120mm × 50mm 的板料，材料为 45 钢，在毛坯表面加工 $\phi 80\text{mm} \times 20\text{mm}$ 的圆凸台，试编写数控铣铣圆的宏程序。

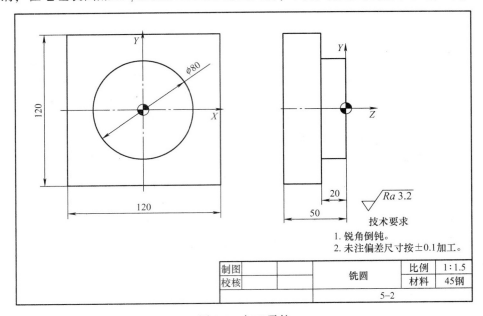

制图		铣圆	比例	1:1.5
校核			材料	45钢
		5-2		

技术要求

1. 锐角倒钝。
2. 未注偏差尺寸按±0.1加工。

$\sqrt{Ra\,3.2}$

图 5-8　加工零件

5.2.2　零件图的分析

该实例要求加工 $\phi 80$mm × 20mm 的圆凸台，毛坯尺寸为 120mm × 120mm × 50mm 的板料，加工编程前需要考虑以下几点：

（1）机床的选择　根据毛坯以及加工图样的要求宜采用铣削加工，选择数控铣床，机床系统选择 FANUC 数控系统。

（2）装夹方式　从加工的零件来分析，本零件采用机用虎钳装夹，对加工和对刀操作都比较方便，同时要在工件下方放置等高块，装夹方式如图 5-9 所示。

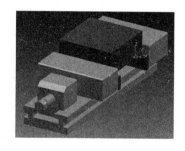

图 5-9　装夹方式

（3）任务准备单　见表 5-3。

表 5-3　任务准备单

任务名称		铣圆		图号		5-8
一、设备、附件、材料						
序号	分类	名称	尺寸规格	单位	数量	备注
1	设备	数控铣床（加工中心）	FVP1000	台	1	
2	附件	机用虎钳及扳手	150mm	套	1	
3	材料	45 钢	120mm × 120mm × 50mm	件	1	板料
二、刀具、量具、工具						
序号	分类	名称	尺寸规格	单位	数量	备注
1	刀具	机夹铣刀	$\phi 25$mm	支	1	
		立铣刀	$\phi 10$mm	支	1	

（续）

序号	分类	名称	尺寸规格	单位	数量	备注
2	量具	游标卡尺	0～150mm	把	1	
3	刀具系统	弹簧刀柄	ER32	套	1	相配夹套
		强力刀柄	BT40	套	1	相配夹套
4	工具	刮刀		把	1	
		等高块		套	1	
		铜片		片	若干	
		活扳手		把	1	
		铜棒		根	1	
		锉刀	细锉	套	1	
		刷子		把	1	
5	其他	工作服		套	1	
		护目镜		副	1	
		计算器		个	1	
		草稿本		本	1	

（4）编程原点的选择　本实例 X、Y 方向编程原点的选择没有特殊要求，只需便于编程即可，以下情况均可作为本实例的编程原点。

1）编程原点选择在零件左侧边的中点位置或零件右侧边的中点位置。

2）编程原点选择在正方形的四个顶点。

3）编程原点选择在零件表面的中心位置。

在本实例中，确定 X、Y 方向的编程原点选在零件的中心位置，Z 方向编程原点在零件的上表面，输入 G54 工件坐标系。

（5）安装寻边器，找正零件的编程原点　略。

（6）确定转速和进给量

1）ϕ25mm 机夹铣刀转速为 1000r/min，进给量为 700mm/min。

2）ϕ10mm 立铣刀转速为 3500r/min，进给量为 500mm/min。

（7）铣圆工序卡片　见表 5-4。

表 5-4　铣圆工序卡片

工序	加工内容	设备	刀具	切削用量		
				转速/ （r/min）	进给量/ （mm/min）	背吃刀量/ mm
1	粗铣	数控铣床	ϕ25mm 机夹铣刀	1000	700	1
2	精铣	数控铣床	ϕ10mm 立铣刀	3500	500	5

5.2.3 宏程序算法及程序流程

1. 算法的设计

1）该实例铣削路径规划为：X、Y 轴快速移动到工件外边，下刀至加工深度，进行刀具半径补偿，加工轮廓，取消刀具半径补偿，抬刀结束程序，如图 5-10 所示。

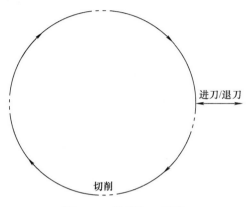

图 5-10 轮廓加工轨迹

2）本实例中主要加工为整圆凸台，可以采用传统的 G03/G02 方式铣削，也可以采用直线拟合方式。采用直线拟合法逼近的方式，需要构建三角函数数学模型，如图 5-11 所示，得到 $x = R\cos\alpha$，$y = R\sin\alpha$，其中 R 为圆的半径。

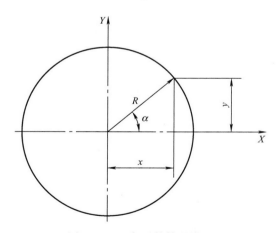

图 5-11 三角函数数学模型

3）控制循环结束的条件，可以采用以下算法：

以整圆 360°作为循环结束的判定条件。设置变量#1 控制角度的大小，通过

机床计算得出 X、Y 轴加工坐标。设置#1 = 0 或#1 = 360，每加工一段直线，#1 = #1 + 3 或#1 = #1 − 3，用直线进行圆弧拟合，如图 5-12 所示，通过条件判断语句 "IF [#1 LE360] GOTO 10" 或 "IF [#1 GE0] GOTO 10" 实现连续加工整圆的循环过程。

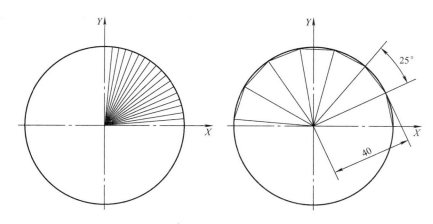

图 5-12   直线拟合

2. 程序流程

根据以上对图样和算法的设计，规划的铣圆刀路轨迹如图 5-13 所示。为了保证顺铣加工，采用 360°~0°的变化来加工。

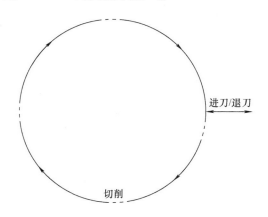

图 5-13   铣圆刀路轨迹

设：角度变量为#1，#1 的取值范围为#1 = 360°~0°

……；

#1 = 360；

使用循环语句：N10 #2 = 40 * COS[#1]；

#3 = 40 * SIN[#1]；

G01 X#2 Y#3 F500；

#1 = #1−3；　每次角度变化 3°

IF［#1 GE 0］GOTO 10；

……；

5.2.4　宏程序的编写

宏程序如下：

O00001；

G40 G49 G69 G80 G17；	常用指令取消
G91 G28 Z0；	Z 轴移到机床参考点
G90 G54 G0 X0 Y0；	快速定位工件坐标系
M03 S3500；	主轴正转
G43 H2 Z100；	刀具长度补偿
M08；	切削液打开
G0 X60 Y0；	快速移动至下刀点
Z3；	Z 轴下至安全平面
#1 = 360；	#1 赋值
N10 #2 = 40 * COS[#1]；	#2 赋值
#3 = 40 * SIN[#1]；	#3 赋值
G01 X#2 Y#3 F500；	轮廓加工
#1 = #1−3；	修改角度值，每次 3°
IF［#1 GE 0］GOTO 10；	条件判断语句，条件成立时返回 N10 程序段，否则往下执行
G91 G28 Z0；	Z 轴移到机床参考点
G28 Y0；	Y 轴移到机床参考点
M05；	主轴停止
M09；	切削液关闭
M30；	程序结束

5.2.5　零件加工效果

零件加工效果如图 5-14 所示。

图 5-14　零件加工效果

5.2.6　小结

1. 关于建立数学模型的问题

数控加工中采用宏程序编程时，往往需要根据零件图形来构建数学模型，结合三角函数、线性方程、解析几何等相关知识，寻找变量的关系。模型建立的是否合理，决定了程序计算的好坏。本实例中建立了基于圆的三角函数模型，如图 5-11 所示，解题思路有两种：

1）根据圆的标准方程：圆的标准方程 $(x-x_0)^2+(y+y_0)^2=R^2$，其中 (x_0,y_0) 为圆心坐标，R 为圆的半径。本零件中圆心坐标为（0，0），该圆的方程为 $x^2+y^2=R^2$。

2）根据圆的参数方程，圆心在 (x_0,y_0) 处的参数方程为

$$x=R\cos\alpha$$
$$y=R\sin\alpha$$

其中，α 为角度；R 为圆的半径。

本零件中圆心坐标为（0，0），半径 R 为 40mm，设置变量#1 为角度，初始赋值为 360°，加工整个圆弧轮廓，所以角度的变量范围为 360°~0°。

2. 变量#1 和#2、#3 的关系

圆弧上各点 x、y 的数值可以根据圆的参数方程计算得出，如程序中#2 = 40 * COS［#1］表示圆上 x 值的坐标，#3 = 40 * SIN［#1］表示圆上 y 值的坐标，利用 G01 直线插补指令 "G01 X#2 Y#3 F500；" 铣削一段直线，通过角度 360°~0°的变化，以及 "#1 = #1-3；" 和 "IF［#1GE0］GOTO 10；" 来控制整圆的铣削过程。

5.2.7　习题

已知加工零件如图 5-15 所示，材料为 45 钢，编写加工宏程序。

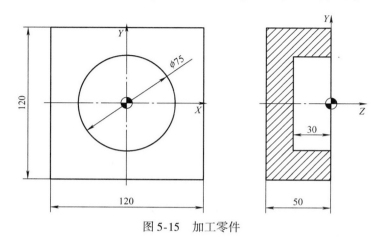

图 5-15　加工零件

5.3　椭圆铣削的编程思路与程序解析

5.3.1　零件图及加工内容

加工零件如图 5-16 所示，毛坯为 120mm × 120mm × 50mm 的板料，材料为

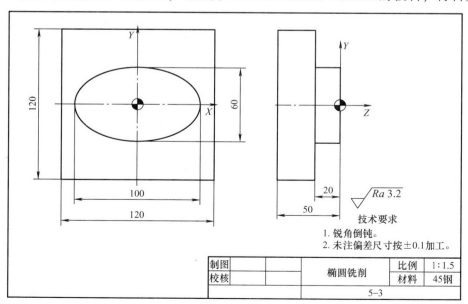

制图		椭圆铣削	比例	1 : 1.5
校核			材料	45钢
		5–3		

技术要求
1. 锐角倒钝。
2. 未注偏差尺寸按 ±0.1 加工。

$\sqrt{Ra\,3.2}$

图 5-16　加工零件

45 钢，在毛坯表面加工长半轴为 50mm、短半轴为 30mm 的椭圆凸台，试编写数控铣椭圆铣削的宏程序。

5.3.2 零件图的分析

该实例要求加工长半轴为 50mm、短半轴为 30mm 的椭圆凸台，毛坯为 120mm × 120mm × 50mm 的板料，加工编程前需要考虑以下几点：

（1）机床的选择 根据毛坯以及加工图样的要求宜采用铣削加工，选择数控铣床，机床系统选择 FANUC 数控系统。

（2）装夹方式 从加工的零件来分析，本零件采用机用虎钳装夹，对加工和对刀操作都比较方便，同时要在工件下方放置等高块，装夹方式如图 5-17 所示。

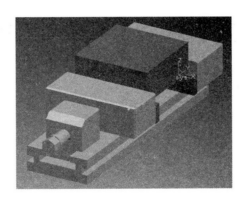

图 5-17 装夹方式

（3）任务准备单 见表 5-5。

表 5-5 任务准备单

任务名称		椭圆铣削		图号		5-16
一、设备、附件、材料						
序号	分类	名称	尺寸规格	单位	数量	备注
1	设备	数控铣床（加工中心）	FVP1000	台	1	
2	附件	机用虎钳及扳手	150mm	套	1	
3	材料	45 钢	120mm × 120mm × 50mm	件	1	板料

（续）

二、刀具、量具、工具

序号	分类	名称	尺寸规格	单位	数量	备注
1	刀具	机夹铣刀	$\phi 25$mm	支	1	
		立铣刀	$\phi 10$mm	支	1	
2	量具	游标卡尺	0～150mm	把	1	
3	刀具系统	弹簧刀柄	ER32	套	1	相配夹套
		强力刀柄	BT40	套	1	相配夹套
4	工具	刮刀		把	1	
		等高块		套	1	
		铜片		片	若干	
		活扳手		把	1	
		铜棒		根	1	
		锉刀	细锉	套	1	
		刷子		把	1	
5	其他	工作服		套	1	
		护目镜		副	1	
		计算器		个	1	
		草稿本		本	1	

（4）编程原点的选择　本实例 X、Y 方向编程原点的选择没有特殊要求，只需便于编程即可，以下情况均可作为本实例的编程原点。

1）编程原点选择在零件左侧边的中点位置或零件右侧边的中点位置。

2）编程原点选择在正方形的四个顶点。

3）编程原点选择在零件表面的中心位置。

在本实例中，确定 X、Y 方向的编程原点选在零件的中心位置，Z 方向编程原点在零件的上表面，输入 G54 工件坐标系。

（5）安装寻边器，找正零件的编程原点　略。

（6）确定转速和进给量

1）$\phi 25$mm 机夹铣刀转速为 1000r/min，进给量为 700mm/min。

2）$\phi 10$mm 立铣刀转速为 3500r/min，进给量为 500mm/min。

（7）椭圆铣削工序卡片　见表 5-6。

表5-6 椭圆铣削工序卡片

工序	加工内容	设备	刀具	切削用量		
				转速/ （r/min）	进给量/ （mm/min）	背吃刀量/ mm
1	粗铣	数控铣床	φ25mm 机夹铣刀	1000	700	1
2	精铣	数控铣床	φ10mm 立铣刀	3500	500	5

5.3.3 宏程序算法及程序流程

1. 算法的设计

1）该实例铣削路径规划为：X、Y 轴快速移动到工件外边，下刀至加工深度，进行刀具半径补偿，加工轮廓，取消刀具半径补偿，抬刀结束程序，如图5-18 所示。

2）本实例中主要加工为椭圆凸台，只能采用直线拟合法逼近的方式，需要构建三角函数数学模型，如图5-19 所示，得到 $x = a\cos\alpha$，$y = b\sin\alpha$，其中，a 为椭圆的长半轴；b 为椭圆的短半轴。

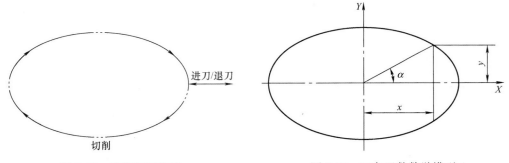

图5-18 轮廓加工轨迹　　　　　　图5-19 三角函数数学模型

3）控制循环结束的条件，可以采用以下算法：

以整椭圆360°作为循环结束的判定条件。设置变量#1 控制角度的大小，通过机床计算得出 X、Y 轴加工坐标。设置#1 = 0 或#1 = 360，每加工一段直线，#1 = #1 + 3 或#1 = #1 − 3，用直线进行椭圆拟合，如图5-20 所示，通过条件判断语句"IF［#1 LE 360］GOTO 10"或"IF［#1 GE 0］GOTO 10"实现连续加工椭圆的循环过程。

2. 程序流程

根据以上对图样和算法的设计，规划的椭圆铣削刀路轨迹如图5-21 所示。为了保证顺铣加工，采用360°～0°的变化来加工。

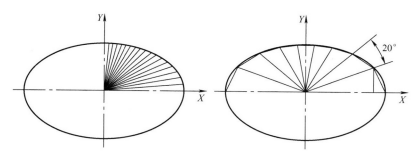

图 5-20 直线拟合

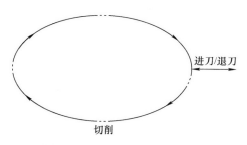

图 5-21 椭圆刀路轨迹示意图

设：角度变量为#1，#1 的取值范围为#1 = 360°~0°

……；

#1 = 360；

使用循环语句：N10 #2 = 50 * COS[#1]；

#3 = 30 * SIN[#1]；

G01 X#2 Y#3 F500；

#1 = #1−3；　　每次角度变化3°

IF [#1 GE 0] GOTO 10；

……；

5.3.4 宏程序的编写

宏程序如下：

O0001；

G40 G49 G69 G80 G17；　　常用指令取消

G91 G28 Z0；　　Z 轴移到机床参考点

G90 G54 G0 X0 Y0；　　快速定位工件坐标系

M03 S3500;	主轴正转
G43 H2 Z100;	刀具长度补偿
M08;	切削液打开
G0 X80 Y0;	快速移动至下刀点
Z3;	Z轴下至安全平面
#1 = 360;	#1 赋值
N10 #2 = 50 * COS[#1];	#2 赋值
#3 = 30 * SIN[#1];	#3 赋值
G01 X#2 Y#3 F500;	轮廓加工
#1 = #1 − 3;	修改角度值,每次 3 度
IF [#1GE0] GOTO 10;	条件判断语句,条件成立时返回 N10 程序段,否则往下执行
G91 G28 Z0;	Z 轴移到机床参考点
G28 Y0;	Y 轴移到机床参考点
M05;	主轴停止
M09;	切削液关闭
M30;	程序结束

5.3.5 零件加工效果

零件加工效果如图 5-22 所示。

图 5-22　零件加工效果

5.3.6 小结

1. 关于建立数学模型的问题

椭圆宏程序编程时,借助解析方程或参数方程,设方程中的一个变量为自变量,另一个变量为因变量,通过自变量的不断变化引起因变量的相应变化。

1) 根据椭圆的参数方程:设椭圆的参数变量为 α,方程中两个变量的表达方式为 $x = 50\cos\alpha, y = 30\sin\alpha$。变量#1 控制参数 α 的变化,设置变量#2 控制 X 轴的位置,变量#3 控制 Y 轴的位置。

2）根据椭圆的解析方程，该椭圆的解析方程为 $x^2/50^2 + y^2/30^2 = 1$。

2. 变量#1 和#2、#3 的关系

椭圆弧上各点 x、y 的数值可以根据椭圆的参数方程计算得出，如程序中#2 = 50 * COS［#1］表示椭圆上 x 值的坐标，#3 = 30 * SIN［#1］表示椭圆上 y 值的坐标，利用 G01 直线插补指令"G01 X#2 Y#3 F500;"铣削一段直线，通过角度 360°~0°的变化，以及"#1 = #1−3;"和"IF［#1GE0］GOTO 10;"来控制整个椭圆的铣削过程。

5.3.7　习题

已知加工零件如图 5-23 所示，材料为 45 钢，编写加工宏程序。

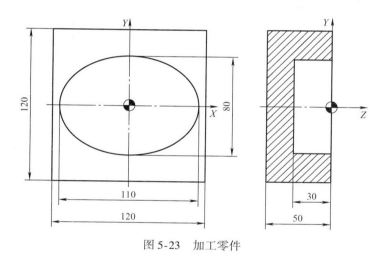

图 5-23　加工零件

5.4　放射铣圆的编程思路与程序解析

5.4.1　零件图及加工内容

加工零件如图 5-24 所示，毛坯为 120mm × 120mm × 50mm 的板料，材料为 45 钢，在毛坯表面加工 ϕ70mm ×35mm 圆孔，试编写数控铣放射铣圆的宏程序。

5.4.2　零件图的分析

该实例要求加工 ϕ70mm × 35mm 圆孔，毛坯尺寸为 120mm × 120mm × 50mm 的板料，加工编程前需要考虑以下几点：

（1）机床的选择　根据毛坯以及加工图样的要求宜采用铣削加工，选择数

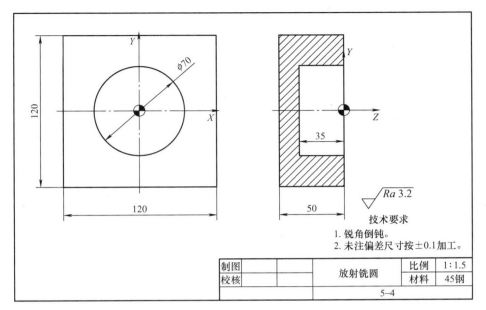

图 5-24　加工零件

控铣床，机床系统选择 FANUC 数控系统。

（2）装夹方式　从加工的零件来分析，本零件采用机用虎钳装夹，对加工和对刀操作都比较方便，同时要在工件下方放置等高块，装夹方式如图 5-25 所示。

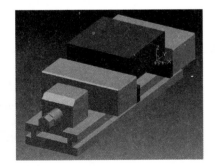

图 5-25　装夹方式

（3）任务准备单　见表 5-7。

表 5-7　任务准备单

任务名称		放射铣圆		图号		5-24

一、设备、附件、材料

序号	分类	名称	尺寸规格	单位	数量	备注
1	设备	数控铣床（加工中心）	FVP1000	台	1	
2	附件	机用虎钳及扳手	150mm	套	1	
3	材料	45 钢	120mm × 120mm × 50mm	件	1	板料

二、刀具、量具、工具

序号	分类	名称	尺寸规格	单位	数量	备注
1	刀具	机夹铣刀	$\phi 25mm$	支	1	
		立铣刀	$\phi 10mm$	支	1	
2	量具	游标卡尺	0 ~ 150mm	把	1	
3	刀具系统	弹簧刀柄	ER32	套	1	相配夹套
		强力刀柄	BT40	套	1	相配夹套
4	工具	刮刀		把	1	
		等高块		套	1	
		铜片		片	若干	
		活扳手		把	1	
		铜棒		根	1	
		锉刀	细锉	套	1	
		刷子		把	1	
5	其他	工作服		套	1	
		护目镜		副	1	
		计算器		个	1	
		草稿本		本	1	

（4）编程原点的选择　本实例 x、y 方向编程原点的选择没有特殊要求，只需便于编程即可，以下情况均可作为本实例的编程原点。

1）编程原点选择在零件左侧边的中点位置或零件右侧边的中点位置。

2）编程原点选择在正方形的四个顶点。

3）编程原点选择在零件表面的中心位置。

在本实例中，确定 x、y 方向的编程原点选在零件的中心位置，z 方向编程原点在零件的上表面，输入 G54 工件坐标系。

（5）安装寻边器，找正零件的编程原点　略。

（6）确定转速和进给量

1) $\phi25$mm 机夹铣刀转速为 1000r/min，进给量为 700mm/min。

2) $\phi10$mm 立铣刀转速为 3500r/min，进给量为 500mm/min。

（7）放射铣圆工序卡片　见表 5-8。

表 5-8　放射铣圆工序卡片

工序	加工内容	设备	刀具	切削用量		
				转速/ （r/min）	进给量/ （mm/min）	背吃刀量/ mm
1	粗铣	数控铣床	$\phi25$mm 机夹铣刀	1000	700	1
2	精铣	数控铣床	$\phi10$mm 立铣刀	3500	500	5

5.4.3　宏程序算法及程序流程

1. 算法的设计

1）该实例铣削路径规划为：x、y 轴快速移动到工件中心，下刀至加工深度，开始放射铣圆，加工轮廓，抬刀程序结束，如图 5-26 所示。

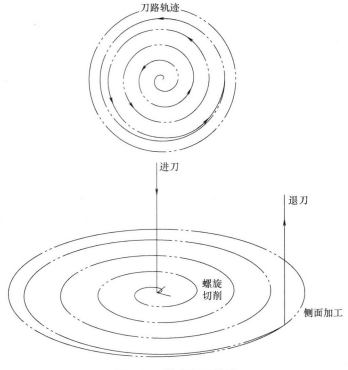

图 5-26　轮廓加工轨迹

2）本实例中主要加工为圆孔，采用直线拟合法逼近的方式，需要构建平面螺旋线数学模型，如图 5-27 所示，得到 $x = R\cos\alpha$、$y = R\sin\alpha$，其中，R 为圆的半径，且一直发生变化。

3）控制循环结束的条件，可以采用以下算法：

以整圆 360°，以及从起点到终点的移动距离和螺旋的圈数作为循环结束的判定条件。设置变量#1 控制角度的大小，通过机床计算得出 x、y 轴加工坐标，同时计划螺旋圈数与计算螺旋终点移动值。假设要求螺旋为 4 圈，移动距离为 30mm，需要把圈数转化为角度，即 $4 \times 360° = 1440°$，然后把移动距离 30mm 等分成 1440 份，$30mm/1440 = 0.0208mm$。设置#1 = 0，

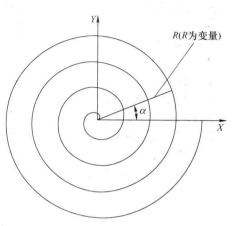

图 5-27　平面螺旋线数学模型

每加工一段直线，#1 = #1 + 2 或#1 = #1 - 2，用直线进行螺旋线的拟合，通过条件判断语句"IF［#1 LE 1440］GOTO 10"实现连续加工螺旋线的循环过程。

2. 程序流程

根据以上对图样和算法的设计，规划放射铣圆的刀路轨迹。

设：角度变量为#1，#1 的取值范围为#1 = 0° ~ 1440°

……；

#1 = 0；

使用循环语句：N10 #2 = 0.0208 ＊ #1 ＊ COS［#1］；

　　　　　　　　#3 = 0.0208 ＊ #1 ＊ SIN［#1］；

　　　　　　　　G01 X#2 Y#3 F500；

　　　　　　　　#1 = #1 + 2；　每次角度变化 2°

　　　　　　　　IF［#1 LE 1440］GOTO 10；

　　　　　　　　……；

条件不成立

条件成立

5.4.4　宏程序的编写

宏程序如下：

O00001；

G40 G49 G69 G80 G17；　　　　　　常用指令取消

G91 G28 Z0；	Z 轴移到机床参考点
G90 G54 G0 X0 Y0；	快速定位工件坐标系
M03 S3500；	主轴正转
G43 H2 Z100；	刀具长度补偿
M08；	切削液打开
G0 X80 Y0；	快速移动至下刀点
Z3；	Z 轴下至安全平面
#1 = 1440；	#1 赋值
N10 #2 = 0. 0208 * #1 * COS［#1］；	#2 赋值
#3 = 0. 0208 * #1 * SIN［#1］；	#3 赋值
G01 X#2 Y#3 F500；	轮廓加工
#1 = #1 ＋ 2；	修改角度值,每次 2°
IF［#1LE1440］GOTO 10；	条件判断语句,条件成立时返回 N10 程序段,否则往 下执行
G91 G28 Z0；	Z 轴移到机床参考点
G28 Y0；	Y 轴移到机床参考点
M05；	主轴停止
M09；	切削液关闭
M30；	程序结束

5. 4. 5　零件加工效果

零件加工效果如图 5-28 所示。

图 5-28　零件加工效果

5.4.6　小结

1. 关于建立数学模型的问题

螺旋线宏程序编程时，借助参数方程，设方程中的一个变量为自变量，另一个变量为因变量，通过自变量的不断变化引起因变量的相应变化。根据螺旋线的参数方程：设螺旋线的参数变量为 α，方程中两个变量的表达方式为 $x = R\cos\alpha$，$y = R\sin\alpha$。变量#1 控制参数 α 的变化，设置变量#2 控制 X 轴的位置，变量#3 控制 Y 轴的位置。

2. 变量#1 和#2、#3 的关系

螺旋线上各点 x、y 的数值可以根据螺旋线的参数方程计算得出，如程序中#2 = 0.0208 * #1 * COS[#1] 表示螺旋线上 x 值的坐标，#3 = 0.0208 * #1 * SIN[#1] 表示螺旋线上 y 值的坐标，利用 G01 直线插补指令"G01 X#2 Y#3 F500;"铣削一段直线，通过角度 0° ~ 1440° 的变化，以及"#1 = #1 + 2;"和"IF[#1LE1440] GOTO 10;"来控制整个圆孔的铣削过程。

5.4.7　习题

已知加工零件如图 5-29 所示，材料为 45 钢，编写加工宏程序。

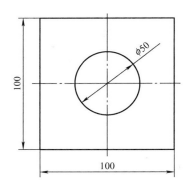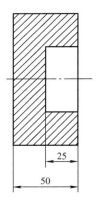

图 5-29　加工零件

第6章 数控铣宏程序之曲面加工实例

本章内容提要

　　本章将通过轮廓倒角、斜面铣削、球面铣削等不同曲面加工的实例，介绍宏程序编程在数控铣曲面加工中的应用。在实际加工中，可以减少成形刀具的使用，同时可以缩短加工准备周期，因此，熟练掌握宏程序编程在曲面加工中的应用是学习宏程序编程最精髓的内容。

6.1　轮廓倒角的编程思路与程序解析

6.1.1　零件图及加工内容

　　加工零件如图 6-1 所示，毛坯为 100mm × 100mm × 50mm 的板料，材料为 45 钢，在正方体表面加工 50mm × 50mm 凸台，凸台轮廓倒角 C5mm，试编写数控铣轮廓倒角的宏程序。

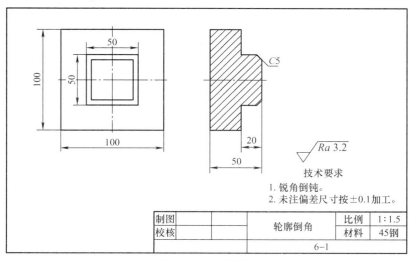

图 6-1　加工零件

6.1.2 零件图的分析

该实例要求加工 50mm×50mm 凸台，凸台轮廓倒角 C5mm，毛坯为 100mm × 100mm × 50mm 的板料，加工编程前需要考虑以下几点：

（1）机床的选择 根据毛坯以及加工图样的要求宜采用铣削加工，选择数控铣床，机床系统选择 FANUC 数控系统。

（2）装夹方式 从加工的零件来分析，本零件采用机用虎钳装夹，对加工和对刀操作都比较方便，同时要在工件下方放置等高块，装夹方式如图 6-2 所示。

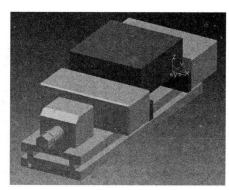

图 6-2 装夹示意

（3）任务准备单 见表 6-1。

表 6-1 任务准备单

任务名称		轮廓倒角		图号		6-1
一、设备、附件、材料						
序号	分类	名称	尺寸规格	单位	数量	备注
1	设备	数控铣床（加工中心）	FVP1000	台	1	
2	附件	机用虎钳及扳手	150mm	套	1	
3	材料	45 钢	100mm×100mm×50mm	件	1	板料
二、刀具、量具、工具						
序号	分类	名称	尺寸规格	单位	数量	备注
1	刀具	机夹铣刀	ϕ25mm	支	1	
		立铣刀	ϕ10mm	支	1	

（续）

序号	分类	名称	尺寸规格	单位	数量	备注
2	量具	游标卡尺	0～150mm	把	1	
3	刀具系统	弹簧刀柄	ER32	套	1	相配夹套
		强力刀柄	BT40	套	1	相配夹套
4	工具	刮刀		把	1	
		等高块		套	1	
		铜片		片	若干	
		活扳手		把	1	
		铜棒		根	1	
		锉刀	细锉	套	1	
		刷子		把	1	
5	其他	工作服		套	1	
		护目镜		副	1	
		计算器		个	1	
		草稿本		本	1	

（4）编程原点的选择　本实例 X、Y 方向编程原点的选择没有特殊要求，只需便于编程即可，以下情况均可作为本实例的编程原点。

1）编程原点选择在零件左侧边的中点位置或零件右侧边的中点位置。

2）编程原点选择在正方形的四个顶点。

3）编程原点选择在零件表面的中心位置。

在本实例中，确定 X、Y 方向的编程原点选在零件的中心位置，Z 方向编程原点在零件的上表面，输入 G54 工件坐标系。

（5）安装寻边器，找正零件的编程原点　略。

（6）确定转速和进给量

1）$\phi25$mm 机夹铣刀转速为 1000r/min，进给量为 700mm/min。

2）$\phi10$mm 立铣刀转速为 3500r/min，进给量为 500mm/min。

3）$\phi10$mm 立铣刀转速为 6000r/min，进给量为 2000mm/min。

（7）加工工序卡片　见表6-2。

表6-2　加工工序卡片

工序	加工内容	设备	刀具	切削用量		
				转速/（r/min）	进给量/（mm/min）	背吃刀量/mm
1	粗铣	数控铣床	$\phi25$mm 机夹铣刀	1000	700	1
2	精铣	数控铣床	$\phi10$mm 立铣刀	3500	500	5
3	铣斜角	数控铣床	$\phi10$mm 立铣刀	6000	2000	0.1

6.1.3　宏程序算法及程序流程

1. 算法的设计

1）该实例铣削路径规划为：X、Y 轴快速移动到工件外边，下刀至加工深度，切入轮廓进行轮廓加工，抬刀结束程序，如图 6-3 所示。

2）本实例中主要加工为正方形凸台 45°倒角，倒角可以看作是无数个大小不同的正方形组成的图形，因此倒角可以采用三角形的方程建立数学模型，根据数学模型找出刀路轨迹的规律，并采用宏程序进行加工。根据 Z 方向的值和45°倒角的三角函数建立数学模型，如图 6-4 所示。

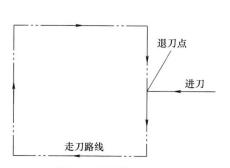

图 6-3　轮廓加工轨迹

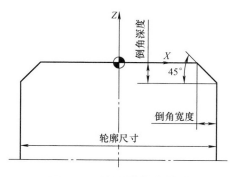

图 6-4　三角函数数学模型

3）控制循环结束的条件，可以采用以下算法：

① 45°倒角宏程序的编制，主要是计算任意高度对铣削轮廓的大小，根据图 6-4 所建立的模型，通过三角函数计算出倒角的 X、Y 值与 Z 向深度的函数关系式。

② 以倒角大小 5mm 作为循环结束的判定条件，设置变量#1 控制移动步距的大小，步距的变化影响加工表面的质量和加工速度。通过机床计算得出 X、Y、Z 轴加工坐标。设置#1 = 0 或#1 = 5，每加工一层，#1 = #1 + 0.2 或#1 = #1 − 0.2，采用正切函数：TAN［45］* #1，进行 Z 方向下刀和 X、Y 方向计算数据，通过条件判断语句 "IF［#1LE5］GOTO 10" 或 "IF［#1GE0］GOTO 10" 实现连续加工倒角的循环过程。

③ 本实例中，采用 ϕ10mm 立铣刀，因此需要用立铣刀的刀尖进行加工，故加工时需要考虑刀具的半径，如图 6-5 所示。

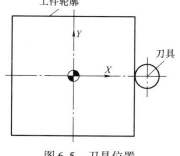

图 6-5　刀具位置

2. 程序流程

根据以上对图样和算法的设计，规划的轮廓倒角刀路轨迹如图 6-6 所示。

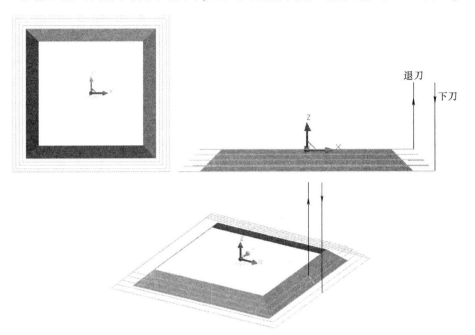

图 6-6　轮廓倒角刀路轨迹

设：步距变量为#1，#1 的取值范围为#1 = 0 ~ 5mm

……；

#1 = 5；

使用循环语句：N10 #2 = TAN[45] * #1；

$\qquad$ G01 Z[0−#2] F500；

$\qquad$ X[25 + #2] F2000；

$\qquad$ Y[−25−#2]；

$\qquad$ X[−25−#2]；

$\qquad$ Y[25 + #2]；

$\qquad$ X[25 + #2]；

$\qquad$ Y0；

$\qquad$ #1 = #1−0.2；　　每次铣削 0.2mm

$\qquad$ IF[#1 GE 0] GOTO 10；

$\qquad$ ……；

6.1.4 宏程序的编写

宏程序如下：

O00001；

G40 G49 G69 G80 G17；	常用指令取消
G91 G28 Z0；	Z轴移到机床参考点
G90 G54 G0 X0 Y0；	快速定位工件坐标系
M03 S6000；	主轴正转
G43 H3 Z100；	刀具长度补偿
M08；	切削液打开
G0 X40 Y0；	移至下刀点
#1＝5；	#1 赋值
N10 #2＝TAN[45]＊#1；	#2 赋值
G01 Z[0-#2] F500；	Z轴下刀
X[25＋#2] F2000；	X轴进给
Y[-25-#2]；	Y轴进给
X[-25-#2]；	X轴进给
Y[25＋#2]；	Y轴进给
X[25＋#2]；	X轴进给
Y0；	Y轴进给
#1＝#1-0.2；	修改铣削步距
IF[#1GE0] GOTO 10；	条件判断语句,条件成立时返回 N10 程序段,否则往下执行
G91 G28 Z0；	Z轴移到机床参考点
G28 Y0；	Y轴移到机床参考点
M05；	主轴停止
M09；	切削液关闭
M30；	程序结束

6.1.5 零件加工效果

零件加工效果如图 6-7 所示。

图 6-7 零件加工效果

6.1.6 小结

1）在实际加工中，轮廓倒角是45°时，往往采用90°倒角刀进行加工，有利于提高加工效率。因此，本实例适用于倒角角度不等于45°的情况。

2）本实例中采用了由下而上的铣削路线，利用刀具的侧刃进行加工，在减少刀尖磨损的同时提高了表面加工质量，但采用此方式需要注意 Z 方向的表达式，避免产生过切或切不到。

6.1.7 习题

已知加工零件如图6-8所示，材料为45钢，编写加工宏程序。

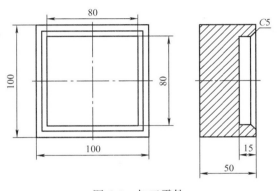

图6-8　加工零件

6.2 轮廓倒圆角的编程思路与程序解析

6.2.1 零件图及加工内容

加工零件如图6-9所示，毛坯为 100mm×100mm×50mm 的板料，材料为45钢，在正方体表面加工 50mm×50mm 凸台，凸台轮廓倒圆角 R5mm，试编写数控铣轮廓倒圆角的宏程序。

6.2.2 零件图的分析

该实例要求加工 50mm×50mm 凸台，凸台轮廓倒圆角 R5mm，毛坯为 100mm×100mm×50mm 的板料，加工编程前需要考虑以下几点：

（1）机床的选择　根据毛坯以及加工图样的要求宜采用铣削加工，选择数控铣床，机床系统选择 FANUC 数控系统。

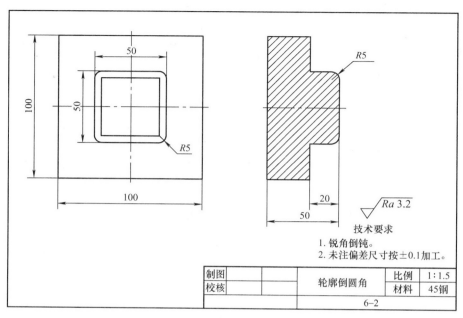

图 6-9　加工零件

（2）装夹方式　从加工的零件来分析，本零件采用机用虎钳装夹，对加工和对刀操作都比较方便，同时要在工件下方放置等高块，装夹方式如图 6-10 所示。

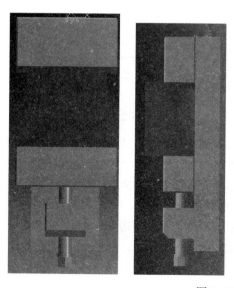

图 6-10　装夹方式

（3）任务准备单　见表6-3。

表6-3　任务准备单

任务名称		轮廓倒圆角		图号		6-9	
一、设备、附件、材料							
序号	分类	名称	尺寸规格	单位	数量	备注	
1	设备	数控铣床（加工中心）	FVP1000	台	1		
2	附件	机用虎钳及扳手	150mm	套	1		
3	材料	45钢	100mm×100mm×50mm	件	1	板料	
二、刀具、量具、工具							
序号	分类	名称	尺寸规格	单位	数量	备注	
1	刀具	机夹铣刀	$\phi25$mm	支	1		
		立铣刀	$\phi10$mm	支	1		
		球头铣刀	$\phi6$mm	支	1		
2	量具	游标卡尺	0～150mm	把	1		
3	刀具系统	弹簧刀柄	ER32	套	1	相配夹套	
		强力刀柄	BT40	套	1	相配夹套	
4	工具	刮刀		把	1		
		等高块		套	1		
		铜片		片	若干		
		活扳手		把	1		
		铜棒		根	1		
		锉刀	细锉	套	1		
		刷子		把	1		
5	其他	工作服		套	1		
		护目镜		副	1		
		计算器		个	1		
		草稿本		本	1		

（4）编程原点的选择　本实例X、Y方向编程原点的选择没有特殊要求，只需便于编程即可，以下情况均可作为本实例的编程原点。

1）编程原点选择在零件左侧边的中点位置或零件右侧边的中点位置。

2）编程原点选择在正方形的四个顶点。

3）编程原点选择在零件表面的中心位置。

在本实例中，确定X、Y方向的编程原点选在零件的中心位置，Z方向编程原点在零件的上表面，输入G54工件坐标系。

（5）安装寻边器，找正零件的编程原点　略。

（6）确定转速和进给量

1）ϕ25mm 机夹铣刀转速为 1000r/min，进给量为 700mm/min。

2）ϕ10mm 立铣刀转速为 3500r/min，进给量为 500mm/min。

3）ϕ6mm 球头铣刀转速为 6000r/min，进给量为 2000mm/min。

（7）加工工序卡片　见表 6-4。

表 6-4　加工工序卡片

工序	加工内容	设备	刀具	切削用量		
				转速/（r/min）	进给量/（mm/min）	背吃刀量/mm
1	粗铣	数控铣床	ϕ25mm 机夹铣刀	1000	700	1
2	精铣	数控铣床	ϕ10mm 立铣刀	3500	500	5
3	铣圆角	数控铣床	ϕ6mm 球头铣刀	6000	1000	0.1

6.2.3　宏程序算法及程序流程

1. 算法的设计

1）该实例铣削路径规划为：X、Y 轴快速移动到工件外边，下刀至加工深度，切入轮廓进行轮廓加工，抬刀结束程序，如图 6-11 所示。

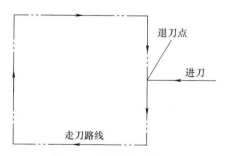

图 6-11　轮廓加工轨迹

2）本实例中主要加工为正方形凸台倒圆角 R5mm，倒圆角可以看作是无数个深度不同、大小不同的正方形轮廓倒圆角而成的，因此可以采用圆的参数方程建立数学模型，根据数学模型找出刀路轨迹的规律，并采用宏程序进行加工，如图 6-12 所示。

3）控制循环结束的条件，可以采用以下算法：

① 根据圆的方程 $x = R\cos\alpha$，$y = R\sin\alpha$，设置变量 #1 控制圆参数方程角度的变化，z 值为 #2 = R * SIN[#1]，x 值为 #3 = R * COS[#1]。

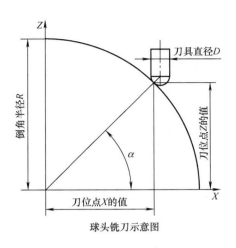 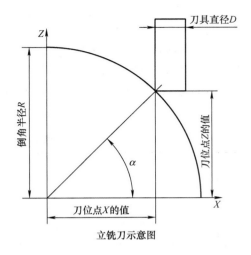

图 6-12　倒圆角数学模型

② 以圆角为 90° 作为循环结束的判定条件，设置#1 = 0 或#1 = 90，每加工一层，#1 = #1 + 2 或#1 = #1 - 2，通过条件判断语句"IF［#1LE90］GOTO 10"或"IF［#1GE0］GOTO 10"实现连续加工圆角的循环过程。

③ 本实例中，采用 ϕ6mm 球头铣刀，因此在加工时需要考虑刀具的半径，如图 6-13 所示。

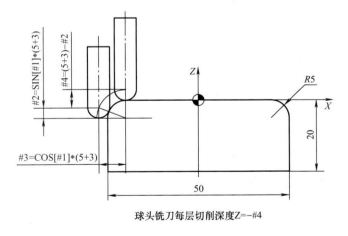

图 6-13　刀具位置

2. 程序流程

根据以上对图样和算法的设计，规划的轮廓倒圆角刀路轨迹如图 6-14 所示。

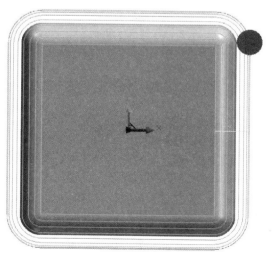

图 6-14 轮廓倒圆角刀路轨迹

设：角度变量为#1，#1 的取值范围为#1 = 90° ~ 0°；

#2 = COS[#1] * 8，#3 = SIN[#1] * 8，#4 = 8-#3

球头铣刀切削深度为 Z = -#4

……；

#1 = 90；

使用循环语句：N10 #2 = COS[#1] * 8；

#3 = SIN[#1] * 8；

#4 = 8-#3

G01 Z[-#4] F500；

X[20 + #2] F1000；

Y[-20-#2]；

X[-20-#2]；

Y[20 + #2]；

#1 = #1-2；　每次角度变化2°

IF[#1GE 0] GOTO 10；

……；

6.2.4　宏程序的编写

宏程序如下：

O0001；	
G40 G49 G69 G80 G17；	常用指令取消
G91 G28 Z0；	Z 轴移到机床参考点
G90 G54 G0 X0 Y0；	快速定位工件坐标系
M03 S6000；	主轴正转
G43 H3 Z100；	刀具长度补偿
M08；	切削液打开
G0 X40 Y0；	移至下刀点
#1 = 90；	#1 赋值
N10 #2 = COS[#1] * 8；	#2 赋值
#3 = SIN[#1] * 8；	#3 赋值
#4 = 8-#3	#4 赋值
G01 Z[-#4] F500；	Z 轴下刀
X[20 + #2] F2000；	X 轴进给
Y[-20-#2]；	Y 轴进给
X[-20-#2]；	X 轴进给

Y［20 + #2］；	Y 轴进给
#1 = #1−2；	修改角度，每次 2°
IF［#1GE0］GOTO 10；	条件判断语句，条件成立时返回 N10 程序段，否则往下执行
G91 G28 Z0；	Z 轴移到机床参考点
G28 Y0；	Y 轴移到机床参考点
M05；	主轴停止
M09；	切削液关闭
M30；	程序结束

6.2.5　零件加工效果

零件加工效果如图 6-15 所示。

6.2.6　小结

在实际加工中，轮廓倒圆角是曲面加工的一种，加工时可用球头铣刀和平头铣刀两种刀具来加工。本实例中采用了由上而下的铣削路线，如果要由下而上加工，只需把角度变量#1 取值范围设置为 0°～90°即可。

图 6-15　零件加工效果

6.2.7　习题

加工零件如图 6-16 所示，材料为 45 钢，编写加工宏程序。

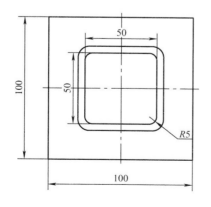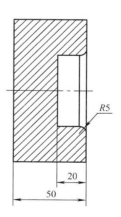

图 6-16　加工零件

6.3 斜面铣削的编程思路与程序解析

6.3.1 零件图及加工内容

加工零件如图 6-17 所示，毛坯为 100mm × 100mm × 50mm 的板料，材料为 45 钢，在正方体表面加工 50mm × 50mm 凸台，凸台加工 20°斜面，试编写数控铣斜面铣削的宏程序。

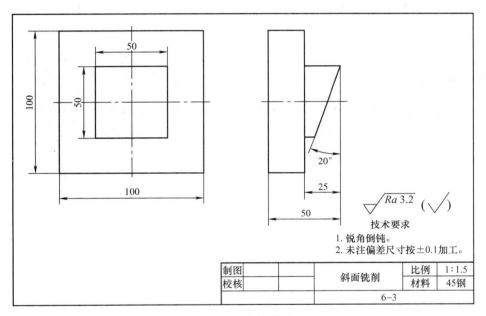

图 6-17 加工零件

6.3.2 零件图的分析

该实例要求加工 50mm × 50mm 凸台，凸台加工 20°斜面，毛坯为 100mm × 100mm × 50mm 的板料，加工编程前需要考虑以下几点：

（1）机床的选择 根据毛坯以及加工图样的要求宜采用铣削加工，选择数控铣床，机床系统选择 FANUC 数控系统。

（2）装夹方式 从加工的零件来分析，本零件采用机用虎钳装夹，对加工和对刀操作都比较方便，同时要在工件下方放置等高块，装夹方式如图 6-18 所示。

（3）任务准备单 见表 6-5。

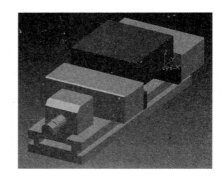

图 6-18 装夹方式

表 6-5 任务准备单

任务名称		斜面铣削		图号		6-17
一、设备、附件、材料						
序号	分类	名称	尺寸规格	单位	数量	备注
1	设备	数控铣床（加工中心）	FVP1000	台	1	
2	附件	机用虎钳及扳手	150mm	套	1	
3	材料	45 钢	100mm × 100mm × 50mm	件	1	板料
二、刀具、量具、工具						
序号	分类	名称	尺寸规格	单位	数量	备注
1	刀具	机夹铣刀	$\phi25$mm	支	1	
		立铣刀	$\phi10$mm	支	1	
2	量具	游标卡尺	0 ~ 150mm	把	1	
3	刀具系统	弹簧刀柄	ER32	套	1	相配夹套
		强力刀柄	BT40	套	1	相配夹套
4	工具	刮刀		把	1	
		等高块		套	1	
		铜片		片	若干	
		活扳手		把	1	
		铜棒		根	1	
		锉刀	细锉	套	1	
		刷子		把	1	
5	其他	工作服		套	1	
		护目镜		副	1	
		计算器		个	1	
		草稿本		本	1	

（4）编程原点的选择　本实例 X、Y 方向编程原点的选择没有特殊要求，只需便于编程即可，以下情况均可作为本实例的编程原点。

1）编程原点选择在零件左侧边的中点位置或零件右侧边的中点位置。

2）编程原点选择在正方形的四个顶点。

3）编程原点选择在零件表面的中心位置。

在本实例中，确定 X、Y 方向的编程原点选在零件的上侧边中心位置，Z 方向编程原点在零件的上表面，如图 6-19 所示，输入 G54 工件坐标系。

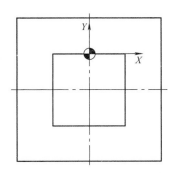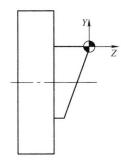

图 6-19　工件坐标系的建立

（5）安装寻边器，找正零件的编程原点　略。

（6）确定转速和进给量

1）φ25mm 机夹铣刀转速为 1000r/min，进给量为 700mm/min。

2）φ10mm 立铣刀转速为 3500r/min，进给量为 500mm/min。

3）φ10mm 立铣刀转速为 6000r/min，进给量为 2000mm/min。

（7）加工工序卡片　见表 6-6。

表 6-6　加工工序卡片

工序	加工内容	设备	刀具	切削用量		
				转速/ （r/min）	进给量/ （mm/min）	背吃刀量/ mm
1	粗铣	数控铣床	φ25mm 机夹铣刀	1000	700	1
2	精铣	数控铣床	φ10mm 立铣刀	3500	500	5
3	斜面加工	数控铣床	φ10mm 立铣刀	6000	2000	0.2

6.3.3　宏程序算法及程序流程

1. 算法的设计

1）该实例铣削路径规划为：X、Y 轴快速移动到工件外边，下刀至加工深度，切入轮廓进行加工，每次单向进给，X 轴左右移动，Y、Z 轴控制加工深度和加工角度，抬刀结束程序，如图 6-20 所示。

2）斜面加工与轮廓倒角具有相似之处，斜面可以看作是无数条直线组合而成的，其中任意直线都满足斜率为 20° 的函数关系，因此可以采用三角函数方程建立数学模型，根据数学模型找出刀路轨迹的规律，并采用宏程序进行加工，如图 6-21 所示。

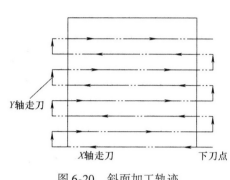

图 6-20 斜面加工轨迹

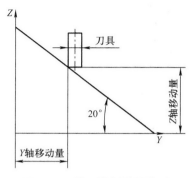

图 6-21 斜面铣削数学模型

3）控制循环结束的条件，可以采用以下算法：

① 由图 6-21 可知，斜面的角度为 20°，可设变量 #1 = 20，设 #2 为 Z 轴变量，设 #3 为 Y 轴变量，铣削宽度随着铣削深度的变化而变化，关系式为 #3 = 50 − #2/TAN[#1]，使用深度的变化作为铣削循环结束的判定条件，计算得出深度为 18.5mm。通过条件判断语句"IF[#2LE19] GOTO 10"实现连续加工斜面的循环过程。

② 本实例中，采用 ϕ10mm 立铣刀，因此在加工时需要考虑刀具的半径，让刀具使用刀尖进行加工。

2. 程序流程

根据以上对图样和算法的设计，规划的斜面铣削刀路轨迹如图 6-22 所示。采用双向往复循环铣削方式，以提高加工效率。

设：角度变量为 #1，#1 的取值范围为 #1 = 20°；

深度变量为 #2，#2 的取值范围为 #2 = 0 ~ 19mm；

每次加工深度为 0.5mm

Y 轴移动为 #3，#3 = 50 − #2/TAN[#1]

……；

#1 = 20；

#2 = 0；

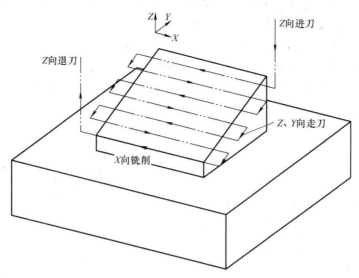

图 6-22 斜面铣削刀路轨迹

使用循环语句：N10 G01 Z[#2−19] F500；

　　　　　　　　　#3 = [50−#2/TAN[#1]]；

　　　　　　　　　Y−[#3 + 5] F2000；

　　　　　　　　　X−30；

　　　　　　　　　#2 = #2−0.5；

　　　　　　　　　Z−#2 F500；

　　　　　　　　　#3 = [50 − #2/TAN[#1]]；

　　　　　　　　　Y−[#3 + 5] F2000；

　　　　　　　　　X 30；

　　　　　　　　　#2 = #2−0.5；　　每次深度变化 0.5mm

　　　　　　　　　IF [#1LE19] GOTO 10；

　　　　　　　　　……；

6.3.4　宏程序的编写

宏程序如下：

O0001；

G40 G49 G69 G80 G17；　　　　　常用指令取消

G91 G28 Z0；　　　　　　　　　　Z 轴移到机床参考点

G90 G54 G0 X0 Y0;	快速定位工件坐标系
M03 S6000;	主轴正转
G43 H3 Z100;	刀具长度补偿
M08;	切削液打开
G0 X30 Y0;	移至下刀点
#1 = 20;	#1 赋值
#2 = 0;	#2 赋值
N10 G01 Z–#2 F500;	Z 轴下刀
#3 = 50 – #2/TAN[#1];	#3 赋值
Y–[#3 + 5] F2000;	Y 轴进给
X – 30;	X 轴进给
#2 = #2–0.5;	#2 深度修改, 每次 0.5mm
G01 Z–#2 F500;	X 轴进给
#3 = #2/TAN[#1];	Y 轴进给
Y–[#3 + 5] F2000;	修改角度, 每次 2°
X 30;	X 轴进给
#2 = #2–0.5;	#2 深度修改, 每次 0.5mm
IF [#1 LE 19] GOTO 10;	条件判断语句, 条件成立时返回 N10 程序段, 否则往下执行
G91 G28 Z0;	Z 轴移到机床参考点
G28 Y0;	Y 轴移到机床参考点
M05;	主轴停止
M09;	切削液关闭
M30;	程序结束

6.3.5 零件加工效果

零件加工效果如图 6-23 所示。

图 6-23 零件加工效果

6.3.6　小结

本实例主要采用了斜面加工中双向往复循环的形式，利用刀具的端面切削刃由上往下进行铣削，另外还有单向往复循环由下往上进行铣削。只要掌握斜面铣削的原理和斜面数学模型的绘制，可以大大提升斜面加工的技巧。

6.3.7　习题

加工零件如图6-24所示，材料为45钢，编写加工宏程序。

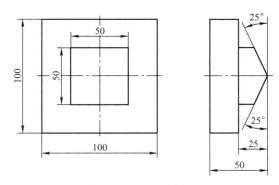

图6-24　加工零件

6.4　球面铣削的编程思路与程序解析

6.4.1　零件图及加工内容

加工零件如图6-25所示，毛坯为100mm×100mm×50mm的板料，材料为45钢，在正方体表面加工 $SR20$mm的凸球面，试编写数控铣球面铣削的宏程序。

6.4.2　零件图的分析

该实例要求加工 $SR20$mm的凸球面，毛坯为100mm×100mm×50mm的板料，加工编程前需要考虑以下几点：

（1）机床的选择　根据毛坯以及加工图样的要求宜采用铣削加工，选择数控铣床，机床系统选择FANUC数控系统。

（2）装夹方式　从加工的零件来分析，本零件采用机用虎钳装夹，对加工和对刀操作都比较方便，同时要在工件下方放置等高块，装夹方式如图6-26所示。

（3）任务准备单　见表6-7。

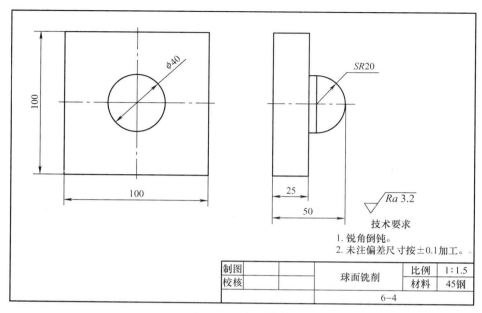

图 6-25 加工零件

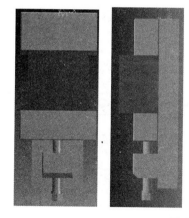

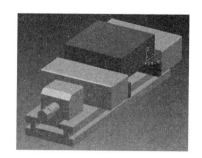

图 6-26 装夹方式

表 6-7 任务准备单

任务名称		球面铣削		图号		6-25	
一、设备、附件、材料							
序号	分类	名称	尺寸规格	单位	数量		备注
1	设备	数控铣床（加工中心）	FVP1000	台	1		
2	附件	机用虎钳及扳手	150mm	套	1		
3	材料	45 钢	100mm×100mm×50mm	件	1		板料

（续）

二、刀具、量具、工具

序号	分类	名称	尺寸规格	单位	数量	备注
1	刀具	机夹铣刀	$\phi25mm$	支	1	
		立铣刀	$\phi10mm$	支	1	
		球头铣刀	$\phi8mm$	支	1	
2	量具	游标卡尺	0~150mm	把	1	
		半径样板	$R15mm~R25mm$	套	1	
3	刀具系统	弹簧刀柄	ER32	套	1	相配夹套
		强力刀柄	BT40	套	1	相配夹套
4	工具	刮刀		把	1	
		等高块		套	1	
		铜片		片	若干	
		活扳手		把	1	
		铜棒		根	1	
		锉刀	细锉	套	1	
		刷子		把	1	
5	其他	工作服		套	1	
		护目镜		副	1	
		计算器		个	1	
		草稿本		本	1	

（4）编程原点的选择　本实例 X、Y 方向编程原点的选择没有特殊要求，只需便于编程即可，以下情况均可作为本实例的编程原点。

1）编程原点选择在零件左侧边的中点位置或零件右侧边的中点位置。

2）编程原点选择在正方形的四个顶点。

3）编程原点选择在零件表面的中心位置。

在本实例中，确定 X、Y 方向的编程原点选在零件的中心位置，Z 方向编程原点在零件的上表面，如图 6-27 所示，输入 G54 工件坐标系。

（5）安装寻边器，找正零件的编程原点　略。

（6）确定转速和进给量

1）$\phi25mm$ 机夹铣刀转速为 1000r/min，进给量为 700mm/min。

2）$\phi10mm$ 立铣刀转速为 3500r/min，进给量为 500mm/min。

3）$\phi8mm$ 球头铣刀转速为 6000r/min，进给量为 1000mm/min。

（7）加工工序卡片　见表 6-8。

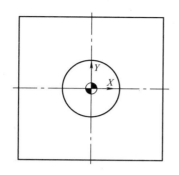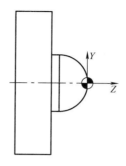

图 6-27 工件坐标系的建立

表 6-8 加工工序卡片

工序	加工内容	设备	刀具	切削用量		
				转速/ （r/min）	进给量/ （mm/min）	背吃刀量/ mm
1	粗铣	数控铣床	φ25mm 机夹铣刀	1000	700	1
2	精铣	数控铣床	φ10mm 立铣刀	3500	500	5
3	球面加工	数控铣床	φ8mm 球头铣刀	6000	1000	0.2

6.4.3 宏程序算法及程序流程

1. 算法的设计

1）该实例铣削路径规划为：X、Y 轴快速移动到工件外边，下刀至加工深度，切入轮廓进行加工，每次在 XY 平面内进行相应直径的圆弧插补进给，根据加工精度分成多层铣削加工，抬刀结束程序，球面加工轨迹如图 6-28 所示。

2）球面加工与轮廓倒圆角具有相似之处，球面可以看作是无数个整圆组合而成的，其中任意整圆都满足圆弧曲率的函数关系，因此可以采用圆弧的三角函数方程建立数学模型，根据数学模型找出刀路轨迹的规律，并采用宏程序进行加工。球面铣削数学模型如图 6-29 所示。

3）控制循环结束的条件，可以采用以下算法：

① 由图 6-29 可知，球面的角度变量可设为 90°，变量 #1 = 0 ~ 90，设 #4 为 Z 轴变量，设 #2 为 X、Y 轴变量，铣削宽度随着铣削深度的变化而变化，关系式为 #2 = COS［#1］* 24，#3 = SIN［#1］* 24，#4 = 24 - #3。使用 #1 的变化作为铣削循环结束的判定条件。通过条件判断语句 "IF［#1 LE 90］GOTO 10" 实现连续加工圆角的循环过程。

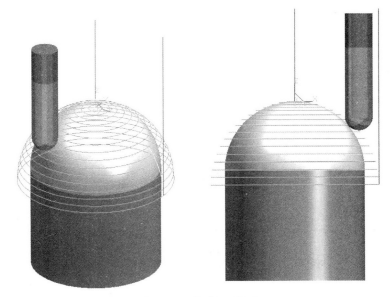

图 6-28   球面加工轨迹

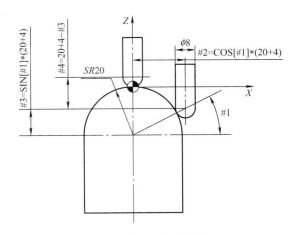

图 6-29   球面铣削数学模型

② 本实例中，采用 φ8mm 球头铣刀，因此在加工时需要考虑刀具的半径，使球头铣刀的圆弧刃始终与球面相切进行加工。

2. 程序流程

根据以上对图样和算法的设计，规划的球面铣削刀路轨迹如图 6-28 所示。采用单向往复循环铣削方式，以提高加工效率。

设：角度变量为#1，#1 的取值范围为#1 = 0° ~ 90°；

X、Y 轴移动坐标为#2，#2 = COS[#1] * 24；

Z 轴移动坐标为#4，#4 = 24 – #3

……；

#1 = 0；

使用循环语句：N10 #2 = COS［#1］* 24 #3 = SIN［#1］* 24 #4 = 24 – #3；

　　　　　　　　G01 Z-#4 F500；

　　　　　　　　　　X#2；

　　　　　　　　G03 X#2 Y0 I-#2 J0 F1000；

　　　　　　　　　　#1 = #1 + 2；

　　　　　　　　IF［#1LE90］GOTO 10；

　　　　　　　　……；

条件不成立

条件成立

6.4.4　宏程序的编写

宏程序如下：

O0001；

G40 G49 G69 G80 G17；　　　　常用指令取消

G91 G28 Z0；　　　　　　　　Z 轴移到机床参考点

G90 G54 G0 X0 Y0；　　　　　快速定位工件坐标系

M03 S6000；　　　　　　　　主轴正转

G43 H3 Z100；　　　　　　　刀具长度补偿

M08；　　　　　　　　　　　切削液打开

G0 X30 Y0；　　　　　　　　移至下刀点

#1 = 0；　　　　　　　　　　#1 赋值

N10 #2 = COS［#1］* 24；　　#2 赋值

#3 = SIN［#1］* 24；　　　　#3 赋值

#4 = 24 – #3；　　　　　　　#4 赋值

G01 Z-#4 F500；　　　　　　Z 轴下刀

X#2；　　　　　　　　　　　X 轴进给

G03 X#2 Y0 I-#2 J0 F1000；　X、Y 轴进给

#1 = #1 + 2；　　　　　　　#1 角度修改，每次 2°

IF［#1LE 90］GOTO 10；　　条件判断语句,条件成立时返回 N10 程序段,否则往下执行

G91 G28 Z0；　　　　　　　Z 轴移到机床参考点

G28 Y0；　　　　　　　　　Y 轴移到机床参考点

M05；　　　　　　　　　　　主轴停止

M09；　　　　　　　　　　　切削液关闭

M30；　　　　　　　　　　　程序结束

6.4.5 零件加工效果

零件加工效果如图 6-30 所示。

图 6-30　零件加工效果

6.4.6 小结

1）本实例主要采用了球面加工中单向往复循环的形式，利用刀具的侧刃由下往上进行铣削，每次圆弧插补铣削轨迹，刀具需先 Z 向移动，再 X 轴半径移动，防止工件过切。

2）加工表面的表面粗糙度值要求较小时，球头铣刀的刀间距一般选取刀具直径的 5% 左右，每齿进给 0.15mm。

6.4.7 习题

加工零件如图 6-31 所示，材料为 45 钢，编写加工宏程序。

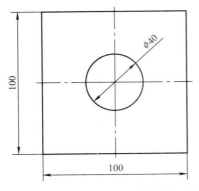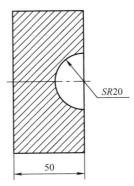

图 6-31　加工零件

6.5　椭球面铣削的编程思路与程序解析

6.5.1　零件图及加工内容

加工零件如图 6-32 所示，毛坯为 100mm × 100mm × 50mm 的板料，材料为 45 钢，在正方体表面加工长半轴 40mm、短半轴 25mm 的凸椭球面，试编写数控铣椭球面铣削的宏程序。

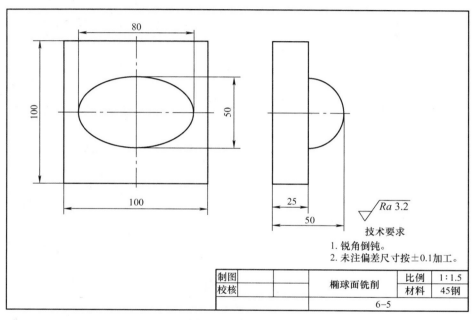

图 6-32　加工零件

6.5.2　零件图的分析

该实例要求加工长半轴 40mm、短半轴 25mm 的凸椭球面，毛坯为 100mm × 100mm × 50mm 的板料，加工编程前需要考虑以下几点：

（1）机床的选择　根据毛坯以及加工图样的要求宜采用铣削加工，选择数控铣床，机床系统选择 FANUC 数控系统。

（2）装夹方式　从加工的零件来分析，本零件采用机用虎钳装夹，对加工和对刀操作都比较方便，同时要在工件下方放置等高块，装夹方式如图 6-33 所示。

（3）任务准备单　见表 6-9。

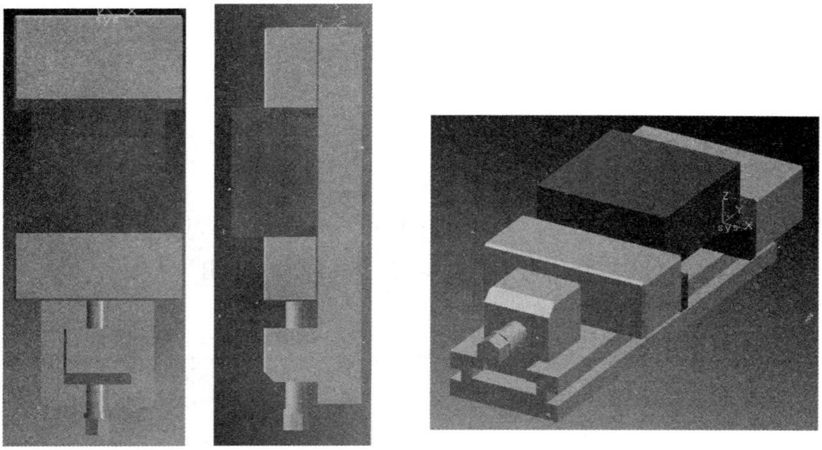

图 6-33　装夹方式

表 6-9　任务准备单

任务名称		椭球面铣削		图号	6-32	
一、设备、附件、材料						
序号	分类	名称	尺寸规格	单位	数量	备注
1	设备	数控铣床（加工中心）	FVP1000	台	1	
2	附件	机用虎钳及扳手	150mm	套	1	
3	材料	45 钢	100mm × 100mm × 50mm	件	1	板料
二、刀具、量具、工具						
序号	分类	名称	尺寸规格	单位	数量	备注
1	刀具	机夹铣刀	ϕ25mm	支	1	
		立铣刀	ϕ10mm	支	1	
2	量具	游标卡尺	0 ~ 150mm	把	1	
		半径样板	R15 ~ R25mm	套	1	
3	刀具系统	弹簧刀柄	ER32	套	1	相配夹套
		强力刀柄	BT40	套	1	相配夹套
4	工具	刮刀		把	1	
		等高块		套	1	
		铜片		片	若干	
		活扳手		把	1	
		铜棒		根	1	
		锉刀	细锉	套	1	
		刷子		把	1	
5	其他	工作服		套	1	
		护目镜		副	1	
		计算器		个	1	
		草稿本		本	1	

（4）编程原点的选择 本实例 X、Y 方向编程原点的选择没有特殊要求，只需便于编程即可，以下情况均可作为本实例的编程原点。

1）编程原点选择在零件左侧边的中点位置或零件右侧边的中点位置。

2）编程原点选择在正方形的四个顶点。

3）编程原点选择在零件表面的中心位置。

在本实例中，确定 X、Y 方向的编程原点选在零件的中心位置，Z 方向编程原点在零件的上表面，如图 6-34 所示，输入 G54 工件坐标系。

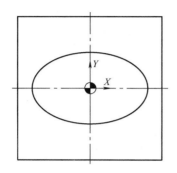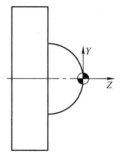

图 6-34 工件坐标系的建立

（5）安装寻边器，找正零件的编程原点 略。

（6）确定转速和进给量

1）$\phi25$mm 机夹铣刀转速为 1000r/min，进给量为 700mm/min。

2）$\phi10$mm 立铣刀转速为 3500r/min，进给量为 500mm/min。

3）$\phi10$mm 立铣刀转速为 6000r/min，进给量为 1000mm/min。

（7）加工工序卡片 见表 6-10。

表 6-10 加工工序卡片

工序	加工内容	设备	刀具	切削用量		
				转速/ （r/min）	进给量/ （mm/min）	背吃刀量/ mm
1	粗铣	数控铣床	$\phi25$mm 机夹铣刀	1000	700	1
2	精铣	数控铣床	$\phi10$mm 立铣刀	3500	500	5
3	椭球面加工	数控铣床	$\phi10$mm 立铣刀	6000	1000	0.2

6.5.3 宏程序算法及程序流程

1. 算法的设计

1）该实例铣削路径规划为：X、Y 轴快速移动到工件外边，下刀至加工深度，切入轮廓进行加工，每次在 XY 平面内进行相应大小的直线插补拟合椭圆进给，根据加工精度分成多层铣削加工，抬刀结束程序，如图 6-35 所示。

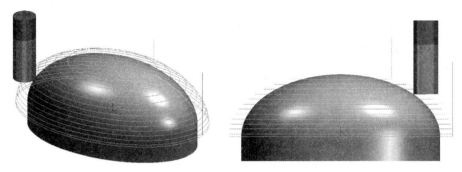

图 6-35　椭球面加工轨迹

2）椭球面可以看作是无数个椭圆组合而成的，其中任意椭圆都满足椭圆弧曲率的函数关系，因此可以采用椭圆的参数方程建立数学模型，根据数学模型找出刀路轨迹的规律，并采用宏程序进行加工。椭球面铣削数学模型如图 6-36 所示。

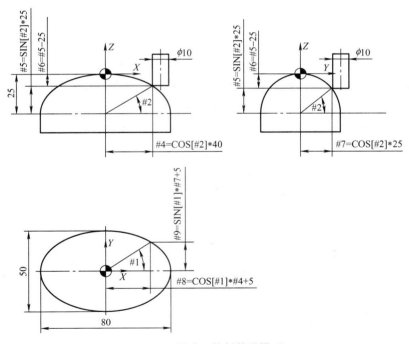

图 6-36　椭球面铣削数学模型

3）控制循环结束的条件，可以采用以下算法：

① 由图 6-36 可知，椭球面的角度变量有两个，变量 #1 = 0 ~ 360，变量 #2 =

0～90。#1 为椭圆角度变量，#2 为球面角度变量。设#4 为椭圆长轴变量，#7 为椭圆短轴变量，#6 为 Z 轴深度变量，铣削宽度随着铣削深度的变化而变化，关系式为#4 = COS[#1] * 40，#5 = SIN[#2] * 25，#6 = #5−25，#7 = COS[#2] * 25，#8 = COS[#1] * #4 + 5，#9 = SIN[#1] * #7 + 5。使用#1 的变化作为铣削椭圆轮廓循环结束的判定条件，通过条件判断语句"IF［#1GE0］GOTO 20"实现连续加工椭圆的循环过程。使用#2 的变化作为铣削椭球面轮廓循环结束的判定条件，通过条件判断语句"IF［#1LE90］GOTO 10"实现连续加工椭圆的循环过程。

② 本实例中，采用 φ10mm 立铣刀，因此在加工时需要考虑刀具的半径，让刀具从下往上铣削。

2. 程序流程

根据以上对图样和算法的设计，规划的椭球面铣削刀路轨迹如图 6-35 所示。采用单向往复循环铣削方式，以提高加工效率。

设：角度变量为#1、#2，#1 的取值范围为#1 = 360°～0°，#2 的取值范围为#2 = 0°～90°；

X、Y 轴移动坐标为#4、#7，#4 = COS[#1] * 40，#7 = COS[#2] * 25；

Z 轴移动坐标为#5，#5 = SIN[#2] * 25；

Z 轴加工深度坐标为#6，#6 = #5−25；

X、Y 轴加工坐标为#8、#9，#8 = COS[#1] * #4 + 5，#9 = SIN[#1] * #7 + 5；

……；

#2 = 0；

使用循环语句：
```
N10 #4 = COS[#1] * 40;
    #5 = SIN[#2] * 25;
    #6 = #5−25;
    #7 = COS[#2] * 25;
    G01 Z#6 F500;
    #1 = 360;
N20 #8 = COS[#1] * #4 + 5;
    #9 = SIN[#1] * #7 + 5;
    G01 X#8 Y #9 F1000;
    #1 = #1−2;
    IF［#1GE0］GOTO 20;
    #2 = #2 + 2;
    IF［#2LE90］GOTO 10;
    ……;
```

条件成立

条件不成立

6.5.4　宏程序的编写

宏程序如下：

O0001；	
G40 G49 G69 G80 G17；	常用指令取消
G91 G28 Z0；	Z 轴移到机床参考点
G90 G54 G0 X0 Y0；	快速定位工件坐标系
M03 S6000；	主轴正转
G43 H3 Z100；	刀具长度补偿
M08；	切削液打开
G0 X50 Y0；	移至下刀点
#2 = 0；	#2 赋值
N10 #4 = COS[#1] * 40；	#4 赋值
#5 = SIN[#2] * 25；	#5 赋值
#6 = #5-25；	#6 赋值
G01 Z#6 F500；	Z 轴下刀
#1 = 360；	#1 赋值
N20 #8 = COS[#1] * #4 + 5；	#8 赋值
#9 = SIN[#1] * #7 + 5；	#9 赋值
G01 X#8 Y #9 F1000；	X、Y 轴进给
#1 = #1-2；	#1 角度修改，每次 2°
IF [#1 GE 0] GOTO 20；	条件判断语句，条件成立时返回 N20 程序段，否则往下执行
#2 = #2 + 2；	#2 角度修改，每次 2°
IF [#2 LE 90] GOTO 10；	条件判断语句，条件成立时返回 N10 程序段，否则往下执行
G91 G28 Z0；	Z 轴移到机床参考点
G28 Y0；	Y 轴移到机床参考点
M05；	主轴停止
M09；	切削液关闭
M30；	程序结束

6.5.5　零件加工效果

零件加工效果如图 6-37 所示。

6.5.6　小结

1）本实例主要采用椭圆加工和球面加工相结合，通过椭球三个截面上的函数方程解析，计算出各个高度时 X、Y 轴的坐标，通过直线插补的方法完成椭球面的加工。

图 6-37　零件加工效果

2）加工中采用单向往复循环的形式，利用刀具的侧刃由下往上进行铣削，每次椭圆轨迹的铣削，刀具需先 Z 向移动，再 X、Y 轴移动，以防止工件过切。

6.5.7　习题

加工零件如图 6-38 所示，材料为 45 钢，编写加工宏程序。

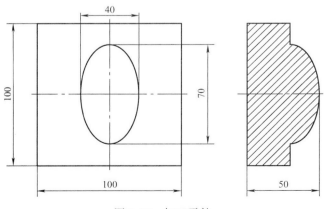

图 6-38　加工零件

6.6 圆锥面铣削的编程思路与程序解析

6.6.1 零件图及加工内容

加工零件如图 6-39 所示，毛坯为 100mm × 100mm × 50mm 的板料，材料为 45 钢，在正方体表面加工小端直径 15mm、大端直径 70mm、高度 30mm 的圆锥凸台，试编写数控铣圆锥面铣削的宏程序。

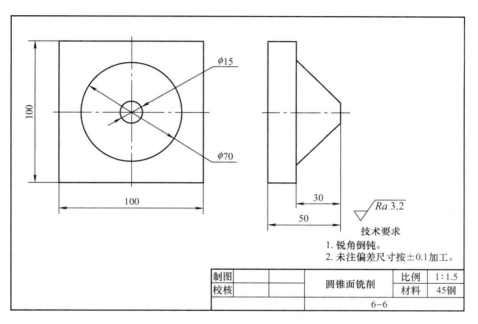

图 6-39 加工零件

6.6.2 零件图的分析

该实例要求加工小端直径 15mm、大端直径 70mm、高度 30mm 的圆锥凸台，毛坯为 100mm × 100mm × 50mm 的板料，加工编程前需要考虑以下几点：

（1）机床的选择 根据毛坯以及加工图样的要求宜采用铣削加工，选择数控铣床，机床系统选择 FANUC 数控系统。

（2）装夹方式 从加工的零件来分析，本零件采用机用虎钳装夹，对加工和对刀操作都比较方便，同时要在工件下方放置等高块，装夹方式如图 6-40 所示。

（3）任务准备单 见表 6-11。

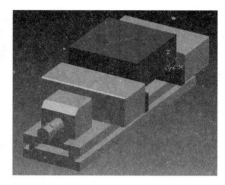

图6-40　装夹方式

表6-11　任务准备单

任务名称		圆锥面铣削		图号		6-39
一、设备、附件、材料						
序号	分类	名称	尺寸规格	单位	数量	备注
1	设备	数控铣床（加工中心）	FVP1000	台	1	
2	附件	机用虎钳及扳手	150mm	套	1	
3	材料	45钢	100mm×100mm×50mm	件	1	板料
二、刀具、量具、工具						
序号	分类	名称	尺寸规格	单位	数量	备注
1	刀具	机夹铣刀	ϕ25mm	支	1	
		立铣刀	ϕ10mm	支	1	
2	量具	游标卡尺	0～150mm	把	1	
		角度尺	0～270°	套	1	
3	刀具系统	弹簧刀柄	ER32	套	1	相配夹套
		强力刀柄	BT40	套	1	相配夹套
4	工具	刮刀		把	1	
		等高块		套	1	
		铜片		片	若干	
		活扳手		把	1	
		铜棒		根	1	
		锉刀	细锉	套	1	
		刷子		把	1	
5	其他	工作服		套	1	
		护目镜		副	1	
		计算器		个	1	
		草稿本		本	1	

（4）编程原点的选择　本实例 X、Y 方向编程原点的选择没有特殊要求，只需便于编程即可，以下情况均可作为本实例的编程原点。

1）编程原点选择在零件左侧边的中点位置或零件右侧边的中点位置。

2）编程原点选择在正方形的四个顶点。

3）编程原点选择在零件表面的中心位置。

在本实例中，确定 X、Y 方向的编程原点选在零件的中心位置，Z 方向编程原点在零件的上表面，如图 6-41 所示，输入 G54 工件坐标系。

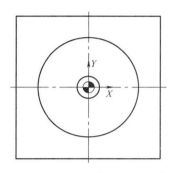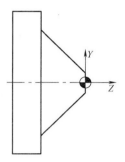

图 6-41　工件坐标系的建立

（5）安装寻边器，找正零件的编程原点　略。

（6）确定转速和进给量

1）$\phi25$mm 机夹铣刀转速为 1000r/min，进给量为 700mm/min。

2）$\phi10$mm 立铣刀转速为 3500r/min，进给量为 500mm/min。

3）$\phi10$mm 立铣刀转速为 6000r/min，进给量为 1000mm/min。

（7）加工工序卡片　见表 6-12。

表 6-12　加工工序卡片

工序	加工内容	设备	刀具	切削用量		
				转速/（r/min）	进给量/（mm/min）	背吃刀量/mm
1	粗铣	数控铣床	$\phi25$mm 机夹铣刀	1000	700	1
2	精铣	数控铣床	$\phi10$mm 立铣刀	3500	500	5
3	圆锥面加工	数控铣床	$\phi10$mm 立铣刀	6000	1000	0.2

6.6.3　宏程序算法及程序流程

1. 算法的设计

1）该实例铣削路径规划为：X、Y 轴快速移动到工件外边，下刀至加工深度，切入轮廓进行加工，每次在 *XY* 平面内进行相应大小的圆弧插补进给，根据加工精度分成多层铣削加工，抬刀结束程序，加工轨迹如图 6-42 所示。

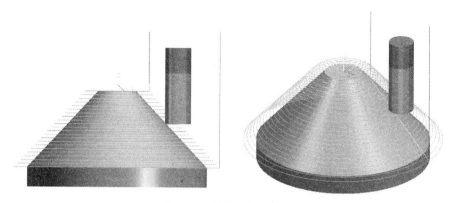

图 6-42　圆锥面加工轨迹

2）圆锥面可以看作是无数大小不同的圆锥组合而成的一种曲面，其中任意两条直线都满足斜面的斜率函数关系，因此圆锥面加工与斜面加工的方式类似，可以采用斜面的参数方程建立数学模型，根据数学模型找出刀路轨迹的规律，并采用宏程序进行加工。圆锥面铣削数学模型如图 6-43 所示。

3）控制循环结束的条件，可以采用以下算法：

① 由图 6-43 可知，圆锥面的角度是固定值，通过公式计算得出 #1 = 47.5。设 #2 为 *Z* 方向深度尺寸，程序中以 #2 作为变量，每层切削深度 0.2mm（每层切削深度的大小影响加工表面的质量）。设 #3 为 *X* 轴移动，关系式为 #3 = 35 − #2/TAN[#1]，铣削轮廓的大小随着铣削深度的变化而变化，使用 #2 的变化作为铣削圆锥轮廓循环结束的判定条件，通过条件判断

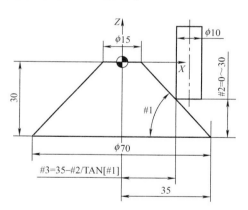

图 6-43　圆锥面铣削数学模型

语句 "IF[#1LE30] GOTO 10" 实现连续加工圆的循环过程。

② 本实例中，采用 φ10mm 立铣刀，因此在加工时需要考虑刀具的半径，让刀具从下往上铣削，同时让刀具刀尖参与切削。

2. 程序流程

根据以上对图样和算法的设计，规划的圆锥面铣削刀路轨迹如图 6-42 所示。采用单向往复循环铣削方式，以提高加工效率。

设：角度变量为固定值#1，#1 的取值范围为#1 = 47.5°；

深度变量 Z 为#2，#2 的取值范围为#2 = 0° ~ 30°；

X 轴移动坐标为#3，#3 = 35-#2/TAN[#1]；

Z 轴加工深度坐标为#4，#4 = #2-30；

……；

#1 = 47.5；

#2 = 0；

使用循环语句：N10 #3 = 35-#2/TAN[#1]；

#4 = #2-30；

G01 Z#2 F500；

X#3；

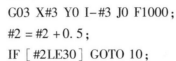

G03 X#3 Y0 I-#3 J0 F1000；

#2 = #2 + 0.5；

IF［#2LE30］GOTO 10；

……；

6.6.4 宏程序的编写

宏程序如下：

O0001；

G40 G49 G69 G80 G17；	常用指令取消
G91 G28 Z0；	Z 轴移到机床参考点
G90 G54 G0 X0 Y0；	快速定位工件坐标系
M03 S6000；	主轴正转
G43 H3 Z100；	刀具长度补偿
M08；	切削液打开
G0 X50 Y0；	移至下刀点
#1 = 47.5；	#1 赋值
#2 = 0；	#2 赋值
N10 #3 = 35-#2/TAN[#1]；	#3 赋值
#4 = #2-30；	#4 赋值
G01 Z#2 F500；	Z 轴下刀
X#3；	X 轴移动
G03 X#3 Y0 I-#3 J0 F1000；	圆弧插补
#2 = #2 + 0.5；	#2 深度修改，每次 0.5mm
IF［#2 LE 30］GOTO 10；	条件判断语句,条件成立时返回 N10 程序段,否则往下执行
G91 G28 Z0；	Z 轴移到机床参考点
G28 Y0；	Y 轴移到机床参考点

M05；	主轴停止
M09；	切削液关闭
M30；	程序结束

6.6.5 零件加工效果

零件加工效果如图 6-44 所示。

图 6-44 零件加工效果

6.6.6 小结

1）本实例主要采用斜面加工和圆弧加工相结合，通过三角函数方程解析，计算出各个高度时 X、Y 轴的坐标，通过圆弧插补的方法完成圆锥面的加工。

2）加工中采用单向往复循环的形式，利用刀具的侧刃由下往上进行铣削，每次整圆轨迹的铣削，刀具需先 Z 向移动，再 X、Y 轴移动，以防止工件过切。

6.6.7 习题

加工零件如图 6-45 所示，材料为 45 钢，编写加工宏程序。

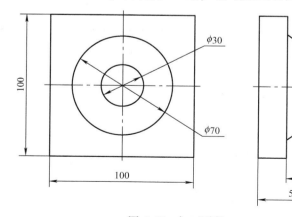

图 6-45 加工零件

6.7 圆变椭圆铣削的编程思路与程序解析

6.7.1 零件图及加工内容

加工零件如图 6-46 所示，毛坯为 $100\,mm \times 100\,mm \times 50\,mm$ 的板料，材料为 45 钢，在正方体表面加工上部分是 $\phi30\,mm$ 圆，下部分是长半轴 40mm、短半轴 20mm 椭球的特殊曲面，试编写数控铣圆变椭圆铣削的宏程序。

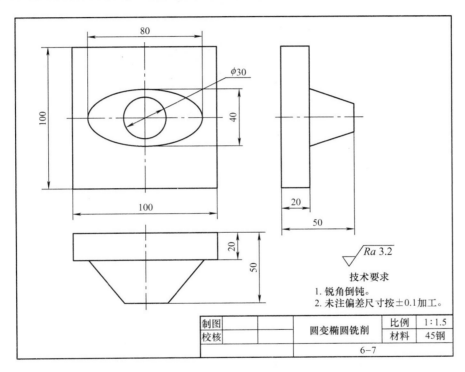

图 6-46 加工零件

6.7.2 零件图的分析

该实例要求加工上部分是 $\phi30\,mm$ 圆，下部分是长半轴 40mm、短半轴 20mm 椭球的特殊曲面，毛坯为 $100\,mm \times 100\,mm \times 50\,mm$ 的板料，加工编程前需要考虑以下几点：

（1）机床的选择　根据毛坯以及加工图样的要求宜采用铣削加工，选择数控铣床，机床系统选择 FANUC 数控系统。

（2）装夹方式 从加工的零件来分析，本零件采用机用虎钳装夹，对加工和对刀操作都比较方便，同时要在工件下方放置等高块，装夹方式如图 6-47 所示。

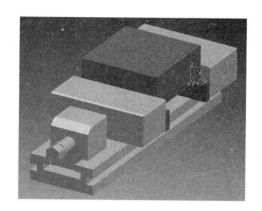

图 6-47 装夹方式

（3）任务准备单 见表 6-13。

表 6-13 任务准备单

任务名称		圆变椭圆铣削		图号		6-46
一、设备、附件、材料						
序号	分类	名称	尺寸规格	单位	数量	备注
1	设备	数控铣床（加工中心）	FVP1000	台	1	
2	附件	机用虎钳及扳手	150mm	套	1	
3	材料	45 钢	100mm × 100mm × 50mm	件	1	板料
二、刀具、量具、工具						
序号	分类	名称	尺寸规格	单位	数量	备注
1	刀具	机夹铣刀	$\phi25$mm	支	1	
		立铣刀	$\phi10$mm	支	1	
2	量具	游标卡尺	0 ~ 150mm	把	1	
3	刀具系统	弹簧刀柄	ER32	套	1	相配夹套
		强力刀柄	BT40	套	1	相配夹套

（续）

序号	分类	名称	尺寸规格	单位	数量	备注
4	工具	刮刀		把	1	
		等高块		套	1	
		铜片		片	若干	
		活扳手		把	1	
		铜棒		根	1	
		锉刀	细锉	套	1	
		刷子		把	1	
5	其他	工作服		套	1	
		护目镜		副	1	
		计算器		个	1	
		草稿本		本	1	

（4）编程原点的选择　本实例 X、Y 方向编程原点的选择没有特殊要求，只需便于编程即可，以下情况均可作为本实例的编程原点。

1）编程原点选择在零件左侧边的中点位置或零件右侧边的中点位置。

2）编程原点选择在正方形的四个顶点。

3）编程原点选择在零件表面的中心位置。

在本实例中，确定 X、Y 方向的编程原点选在零件的中心位置，Z 方向编程原点在零件的上表面，如图 6-48 所示，输入 G54 工件坐标系。

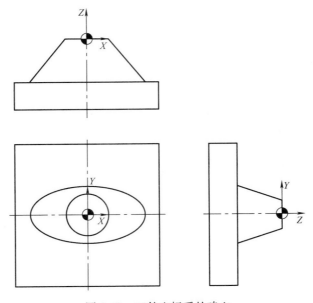

图 6-48　工件坐标系的建立

（5）安装寻边器，找正零件的编程原点　略。

（6）确定转速和进给量

1）$\phi 25mm$ 机夹铣刀转速为 1000r/min，进给量为 700mm/min。

2）$\phi 10mm$ 立铣刀转速为 3500r/min，进给量为 500mm/min。

3）$\phi 10mm$ 立铣刀转速为 6000r/min，进给量为 1000mm/min。

（7）加工工序卡片　见表 6-14。

表 6-14　加工工序卡片

工序	加工内容	设备	刀具	切削用量		
				转速/ （r/min）	进给量/ （mm/min）	背吃刀量/ mm
1	粗铣	数控铣床	$\phi 25mm$ 机夹铣刀	1000	700	1
2	精铣	数控铣床	$\phi 10mm$ 立铣刀	3500	500	5
3	椭球面加工	数控铣床	$\phi 10mm$ 立铣刀	6000	1000	0.2

6.7.3　宏程序算法及程序流程

1. 算法的设计

1）该实例铣削路径规划为：X、Y 轴快速移动到工件外边，下刀至加工深度，切入轮廓进行加工，每次在 XY 平面内进行相应大小的直线插补拟合圆与椭圆进给，根据加工精度分成多层铣削加工，抬刀结束程序，加工轨迹如图 6-49 所示。

2）圆变椭圆曲面可以看作是无数个椭圆组合而成的曲面，其中每一个椭圆的参数都在变化，长、短轴在一起减小或增大，因此可以采用椭圆的参数方程建立数学模型，根据数学模型找出刀路轨迹的规律，并采用宏程序进行加工。圆变椭圆铣削数学模型如图 6-50 所示。

3）控制循环结束的条件，可以采用以下算法：

① 由图 6-50 可知，圆变椭圆曲面的角度变量有两个且为固定值，通过计算得出：X 方向变量 #2 = 39.8，Y 方向变量 #3 = 9.5。设 #1 为 Z 方向深度尺寸，程序中以 #1 作为变量，#1 = 0 ~ 30，每层切削深度 0.2mm（每层切削深度的大小影响加工表面的质量）。设 #5 为椭圆长半轴移动量，关系式为 #4 = TAN[#2] * #1，#5 = 40 - #4，设 #7 为椭圆短半轴移动量，关系式为 #6 = TAN[#3] * #1，#7 = 20 - #6，铣削轮廓的大小随着铣削深度的变化而变化。使用 #8 的变化作为铣削椭圆轮廓的循环结束的判定条件，通过条件判断语句"IF［#1LE360］GOTO 20"实现连续加工椭圆的循环过程。使用 #1 的变化作为铣削分层椭圆轮廓循环结束的判定条件，通过条件判断语句"IF［#1LE30］GOTO 10"实现连续加工椭圆的循环过程。

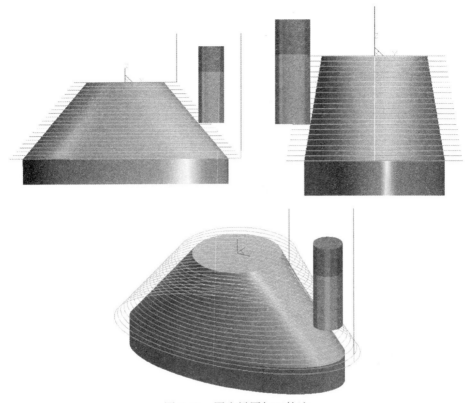

图 6-49　圆变椭圆加工轨迹

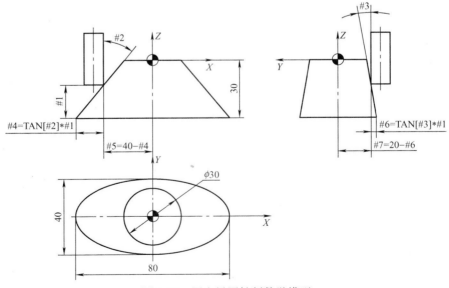

图 6-50　圆变椭圆铣削数学模型

② 本实例中，采用 ϕ10mm 立铣刀，因此在加工时需要考虑刀具的半径，让刀具从下往上铣削。

2. 程序流程

根据以上对图样和算法的设计，规划的圆变椭圆刀路轨迹如图 6-49 所示。采用单向往复循环铣削方式，以提高加工效率。

设：角度变量为#2、#3，#2 的取值范围为#2 = 39.8°，#3 的取值范围为#3 = 9.5°；

X、Y 轴移动坐标为#5、#7，X 轴：#4 = TAN[#2] * #1，#5 = 40 - #4；

$\qquad\qquad\qquad\qquad$ Y 轴：#6 = TAN[#3] * #1，#7 = 20 - #6；

Z 轴移动坐标为#1，#1 = -30 ~ 0；

Z 轴加工深度坐标为 - #1；

椭圆角度变量为#8，#8 = 0 ~ 360；

X、Y 轴加工坐标为#9、#10，#9 = COS[#8] * #5 + 5；

#10 = SIN[#8] * #7 + 5；

……；

#1 = 30；

#2 = 39.8；

#3 = 9.5；

使用循环语句：N10 #4 = TAN[#2] * #1；

$\qquad\qquad\qquad$ #5 = 40 - #4；

$\qquad\qquad\qquad$ #6 = TAN[#3] * #1；

$\qquad\qquad\qquad$ #7 = 20 - #6；

$\qquad\qquad\qquad$ G01 Z-#1 F500；

$\qquad\qquad\qquad$ #8 = 2；

$\qquad\qquad\qquad$ N20 #9 = COS[#8] * #5 + 5；

$\qquad\qquad\qquad$ #10 = SIN[#8] * #7 + 5；

$\qquad\qquad\qquad$ G01 X#9 Y #10 F1000；

$\qquad\qquad\qquad$ #8 = #8 + 2；

$\qquad\qquad\qquad$ IF [#8 GE 360] GOTO 20；

$\qquad\qquad\qquad$ #1 = #1 - 0.2；

$\qquad\qquad\qquad$ IF [#1 GE 0] GOTO 10；

$\qquad\qquad\qquad$ ……；

6.7.4 宏程序的编写

宏程序如下：

00001；

G40 G49 G69 G80 G17；	常用指令取消
G91 G28 Z0；	Z 轴移到机床参考点
G90 G54 G0 X0 Y0；	快速定位工件坐标系
M03 S6000；	主轴正转
G43 H3 Z100；	刀具长度补偿
M08；	切削液打开
G0 X50 Y0；	移至下刀点
#1 = 30；	#1 赋值
#2 = 39.8；	#2 赋值
#3 = 9.5	#3 赋值
N10 #4 = TAN[#2] * #1；	#4 赋值
#5 = 40−#4；	#5 赋值
#6 = TAN[#3] * #1；	#6 赋值
#7 = 20−#6；	#7 赋值
G01 Z−#1 F500；	Z 轴下刀
#8 = 2；	#8 赋值
N20 #9 = COS[#8] * #5 +5；	#9 赋值
#10 = SIN[#8] * #7 +5；	#10 赋值
G01 X#9 Y #10 F1000；	X、Y 轴进给
#8 = #8 + 2；	#8 角度修改，每次 2°
IF [#8GE360] GOTO 20；	条件判断语句,条件成立时返回 N20 程序段,否则往下执行
#1 = #1−0.2；	#2 角度修改，每次 2°
IF [#1GE0] GOTO 10；	条件判断语句,条件成立时返回 N10 程序段,否则往下执行
G91 G28 Z0；	Z 轴移到机床参考点
G28 Y0；	Y 轴移到机床参考点
M05；	主轴停止
M09；	切削液关闭
M30；	程序结束

6.7.5 零件加工效果

零件加工效果如图 6-51 所示。

6.7.6 小结

1）本实例主要采用椭圆加工和斜面加工相结合，通过斜面两个截面上的函数方程解析，计算出各个高度时 X、Y 轴的坐标，通过直线插补的方法完成椭圆面的加工。

2）加工中采用单向往复循环的形式，利用刀具的侧刃由下往上进行铣削，每次椭圆轨迹的铣削，刀具需先 Z 向移动，再 X、Y 轴移动，以防止工件过切。

3）本程序中有二级跳转语句，使用时一定要仔细检查跳转目标的代号。如果跳转不同程序段，一定要使用不同的代号。

图 6-51　零件加工效果

6.7.7　习题

加工零件如图 6-52 所示，材料为 45 钢，编写加工宏程序。

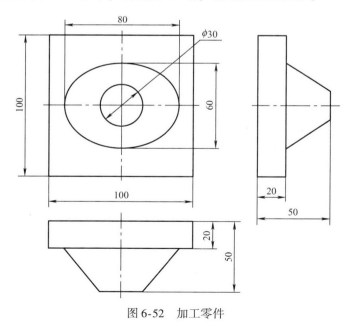

图 6-52　加工零件

第7章 数控铣宏程序之二次曲线加工实例

本章内容提要

本章将通过数控铣加工二次曲线实例，介绍各类二次曲线宏程序编程在数控铣宏程序中的应用。这些实例的编程都是经典例题，在二次曲线加工中也是较为常见的加工任务，因此，熟练掌握宏程序编程在二次曲线加工中的应用是学习宏程序编程最基本的要求。

7.1 阿基米德螺线铣削的编程思路与程序解析

7.1.1 零件图及加工内容

加工零件如图 7-1 所示，阿基米德螺线形凸轮由两段阿基米德螺线和半径分别为 20mm 和 40mm 的两段圆弧形成。毛坯为 100mm × 100mm × 20mm 的板料，材料为 45 钢，切削加工深度为 2mm，试编写数控铣阿基米德螺线铣削的宏程序。

7.1.2 零件图的分析

该实例要求加工阿基米德螺线形凸轮，毛坯为 100mm × 100mm × 20mm 的板料，加工编程前需要考虑以下几点：

（1）机床的选择　由于凸轮是由两段圆弧和两段阿基米德螺线组成的，普通机床难以对其加工，故选用数控铣床来加工该凸轮轮廓，机床系统选择 FANUC 数控系统。

（2）装夹方式　从加工的零件来分析，无论是采用机用虎钳装夹，还是采用螺栓、压板方式装夹，均能达到加工要求。但装夹时要考虑孔和毛坯上平面的垂直关系，所以在装夹工件时要保证工件平面与工作台平行。本实例中根据

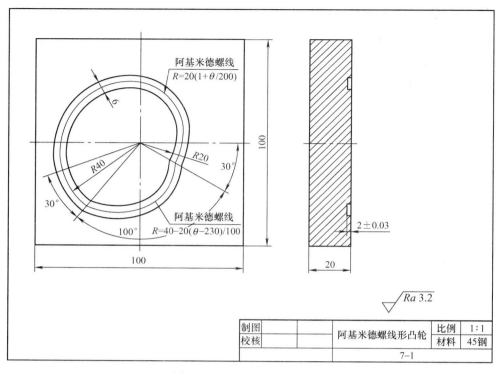

图 7-1　阿基米德螺线形凸轮

毛坯的类型和尺寸，比较适合用机用虎钳装夹方式，装夹时要注意位置，不能影响对刀操作，装夹方式如图 7-2 所示。

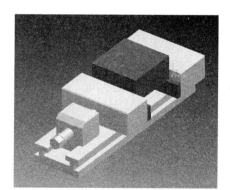

图 7-2　装夹方式

（3）任务准备单　见表 7-1。

表 7-1　任务准备单

任务名称	阿基米德螺线形凸轮加工			图号		7-1

一、设备、附件、材料

序号	分类	名称	尺寸规格	单位	数量	备注
1	设备	数控铣床（加工中心）	FVP1000	台	1	
2	附件	机用虎钳及扳手	150mm	套	1	
3	材料	45 钢	100mm×100mm×20mm	件	1	板料

二、刀具、量具、工具

序号	分类	名称	尺寸规格	单位	数量	备注
1	刀具	立铣刀	ϕ6mm	支	1	确定槽的大小
2	量具	游标卡尺	0~150mm	把	1	
3	刀具系统	弹簧刀柄	ER32	套	1	相配夹套
		强力刀柄	BT40	套	1	相配夹套
4	工具	刮刀		把	1	
		等高块		套	1	
		铜片		片	若干	
		活扳手		把	1	
		铜棒		根	1	
		锉刀	细锉	套	1	
		刷子		把	1	
5	其他	工作服		套	1	
		护目镜		副	1	
		计算器		个	1	
		草稿本		本	1	

（4）编程原点的选择　本实例凸轮曲线分别由圆弧和阿基米德螺线组成，为了便于计算，以圆弧圆心为编程坐标原点，选定 Z 方向编程原点在零件的上表面，输入 G54 工件坐标系。

（5）安装寻边器，找正零件的编程原点　略。

（6）确定转速和进给量　ϕ6mm 立铣刀转速为 4500r/min，进给量为 500mm/min。

（7）铣削工序卡片　见表 7-2。

表 7-2　铣削工序卡片

工序	加工内容	设备	刀具	切削用量		
				转速/（r/min）	进给量/（mm/min）	背吃刀量/mm
1	精铣	数控铣床	ϕ6mm 立铣刀	4500	500	2

7.1.3 宏程序算法和程序流程

1. 算法的设计

1）该实例为阿基米德螺线形凸轮的凹槽部分加工，加工时，圆弧中心为 X、Y 向的原点，凹槽上表面为 Z0。刀具中心按曲线轮廓中心轨迹走刀，槽宽由刀具尺寸来保证。

2）当一点 P 沿动射线 OP 以等速率运动的同时，该射线又以等角速度绕点 O 旋转，点 P 的轨迹称为阿基米德螺线。

3）采用子程序来描述凸轮曲线轮廓，在 $+X$（即 $\theta = 0°$）处开始加工，当刀具下到槽底时（假设此为精加工，如果需要考虑粗加工，可以先用直径略小的刀具等高逐层加工），调用子程序进行加工。

第 1 段阿基米德螺线，以角度 θ 为自变量，$\theta° = 0° \sim 200°$（定义域），极坐标参数方程式为 $R = 20(1 + \theta/200)$，$R = 20 \sim 40\text{mm}$（值域）。

第 2 段阿基米德螺线，以角度 θ 为自变量，$\theta = 230° \sim 330°$（定义域），极坐标参数方程式为 $R = 40 - 20(\theta - 230)/100$，$R = 40 \sim 20\text{mm}$（值域）。

其余两段均为 30° 的圆弧（半径分别为 20mm、40mm）。

2. 程序流程

根据以上对图样和算法的设计，最终零件加工宏程序流程为：设第 1 段阿基米德螺线角度 θ 为自变量，赋初始值 0，即#1 = 0，角度 θ 递增量赋值为#11，且#11 = 0.5，第 1 段阿基米德螺线角度 θ 的终止值为#2，#2 = 200。即

……；

#1 = 0；

#11 = 0.5；

#2 = 200；

使用循环语句：WHILE［#1LE#2］DO 1；

　　　　　　#3 = 20.0 * ［1.0 + #1/#2］；

　　　　　　G90 G01 X#3 Y#1 F100；

　　　　　　Z-2 F50；

　　　　　　#1 = #1 + #11；

　　　　　　END 1；

　　　　　　……；

7.1.4 宏程序的编写

宏程序如下：

O0001；	
G54 G90 G00 X0 Y0 Z50 S4500 M03；	程序开始，定位于G54原点上方安全高度
Z5；	快速下降至加工平面Z5.0处
M98 P100 F120；	调用子程序加工凹槽
G0 Z50；	快速提到至安全高度
M30；	程序结束
O100；	子程序
G16；	极坐标方式生效
G40 G49 G69 G80 G17；	常用指令取消
#1 = 0；	第1段阿基米德螺线角度 θ 为自变量，赋初始值0
#11 = 0.5；	角度 θ(#11)递增量
#2 = 200；	第1段阿基米德螺线角度 θ 的终止值
WHILE［#1LE#2］DO 1；	如果#1≤#2，循环1继续
#3 = 20.0 * ［1.0 + #1/#2］；	计算第1段阿基米德螺线的极径 R
G90 G01 X#3 Y#1 F100；	以G01直线逼近第1段阿基米德螺线
Z–2 F50；	Z 方向下刀
#1 = #1 + #11；	自变量#1依次递增#11
END 1；	循环1结束
G03 X40.0 Y230.0 R40.0；	加工 R40mm圆弧，至第2阿基米德螺线起点
#4 = 230.0；	第2段阿基米德螺线角度 θ 为自变量，赋初始值230.0
#14 = 0.5；	角度 θ(#4)递增量
#5 = 330.0；	第2段阿基米德螺线角度 θ 的终止值
WHILE［#4LT#5］DO 2；	如果#4 < #5，循环2继续
#6 = 40.0 – 20.0 * ［#4–230.0］/100.0；	计算第2段阿基米德螺线的极径 R
G90 G01 X#6 Y#4；	以G01直线逼近第2段阿基米德螺线
#4 = #4 + #14；	自变量#4依次递增#14
END 2；	循环2结束
G03 X20.0 Y0 R20.0；	加工 R20mm圆弧
G15；	取消极坐标方式
M99；	子程序结束返回

7.1.5 零件加工效果

零件加工效果如图7-3所示。

图 7-3 零件加工效果

7.1.6 小结

1）对于螺线的宏程序编程，如条件允许，应尽可能采用极坐标方式编程，使程序及其表达简单、明了。平面二次曲线类零件的共同特殊之处是曲线能用直角坐标（或极坐标）参数方程来表达零件轮廓。

2）阿基米德螺线在凸轮设计、车床卡盘设计、涡旋弹簧、螺纹、蜗杆设计中应用较多。

7.1.7 习题

加工零件如图 7-4 所示，材料为 45 钢，编写加工宏程序。

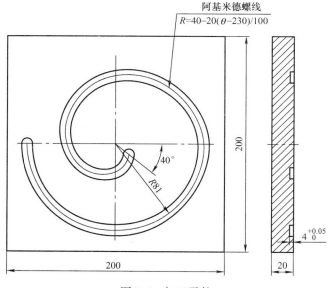

图 7-4 加工零件

7.2 抛物线铣削的编程思路与程序解析

7.2.1 零件图及加工内容

加工零件如图 7-5 所示，毛坯为 100mm × 100mm × 30mm 的板料，材料为 45 钢，以零件凸台轮廓为例，试编写数控铣抛物线铣削的宏程序。

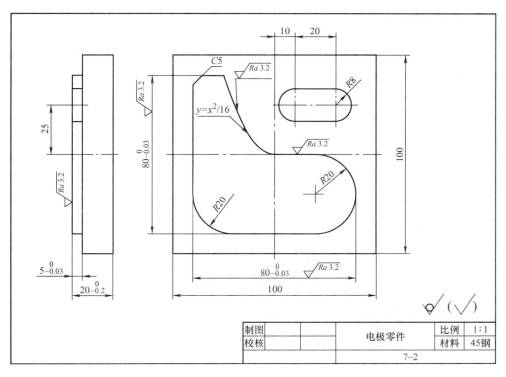

图 7-5 加工零件

7.2.2 零件图的分析

该实例为某模具的电极零件，电极轮廓由直线、圆弧和抛物线组成。如图 7-5 所示，电极的形状和尺寸精度要求高，加工编程前需要考虑以下几点：

（1）机床的选择 根据毛坯以及加工图样的要求宜采用铣削加工，选择数控铣床，机床系统选择 FANUC 数控系统。

（2）装夹方式 从加工的零件来分析，无论是采用机用虎钳装夹，还是采用螺栓、压板方式装夹，均能达到加工要求。但装夹时要考虑加工过程中，刀具是否会与压板发生碰撞，所以本实例中根据毛坯的类型和尺寸以及加工轮廓的形状，在装夹工件时要保证工件平面与工作台平行，比较适合用机用虎钳装夹方式，但装夹时要注意位置，不能影响对刀操作，装夹方式如图 7-6 所示。

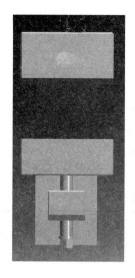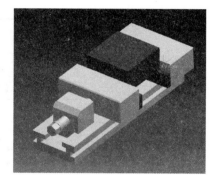

图 7-6　装夹方式

（3）任务准备单　见表 7-3。

表 7-3　任务准备单

任务名称		电极加工			图号		7-5
一、设备、附件、材料							
序号	分类	名称	尺寸规格	单位	数量	备注	
1	设备	数控铣床（加工中心）	FVP1000	台	1		
2	附件	机用虎钳及扳手	150mm	套	1		
3	材料	45 钢	$100mm \times 100mm \times 20mm$	件	1	板料	
二、刀具、量具、工具							
序号	分类	名称	尺寸规格	单位	数量	备注	
1	刀具	立铣刀	$\phi12mm$	支	1		
		立铣刀	$\phi10mm$	支	1		
2	量具	游标卡尺	$0 \sim 150mm$	把	1		
3	刀具系统	弹簧刀柄	ER32	套	1	相配夹套	
		强力刀柄	BT40	套	1	相配夹套	

（续）

序号	分类	名称	尺寸规格	单位	数量	备注
4	工具	刮刀		把	1	
		等高块		套	1	
		铜片		片	若干	
		活扳手		把	1	
		铜棒		根	1	
		锉刀	细锉	套	1	
		刷子		把	1	
5	其他	工作服		套	1	
		护目镜		副	1	
		计算器		个	1	
		草稿本		本	1	

（4）编程原点的选择　本实例 X、Y 方向编程原点的选择没有特殊要求，只需便于编程即可，以下情况均可作为本实例的编程原点。

1）编程原点选择在零件左侧边的中点位置或零件右侧边的中点位置。

2）编程原点选择在正方形的四个顶点。

3）编程原点选择在零件表面的中心位置。

在本实例中，确定 X、Y 方向的编程原点选在零件的正中心位置，Z 方向编程原点在零件的上表面，输入 G54 工件坐标系。

（5）安装寻边器，找正零件的编程原点　略。

（6）确定转速和进给量

1）ϕ12mm 立铣刀转速为 1500r/min，进给量为 500mm/min。

2）ϕ10mm 立铣刀转速为 3500r/min，进给量为 500mm/min。

（7）铣削工序卡片　见表 7-4。

表 7-4　铣削工序卡片

工序	加工内容	设备	刀具	切削用量		
				转速/（r/min）	进给量/（mm/min）	背吃刀量/mm
1	粗铣	数控铣床	ϕ12mm 立铣刀	1500	500	5
2	精铣	数控铣床	ϕ10mm 立铣刀	3500	500	5

7.2.3　宏程序算法及程序流程

1. 算法的设计

1）该实例为电极模具零件加工。该轮廓由直线、圆弧和抛物线等组成。FANUC 数控系统不提供抛物线插补功能，在加工带有抛物线轮廓的产品时，一般是用连续的微小直线段或圆弧拟合（逼近）抛物线。图 7-7 所示为用直线拟合抛物线，根据图中给出的抛物线方程找到相对应的变量，就能够采用宏程序进行编程。

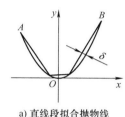
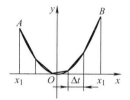

a) 直线段拟合抛物线　　　b) 拟合线段在 x 轴上的投影等长

图 7-7　用直线拟合抛物线

2）在数学中，抛物线是一个平面曲线。抛物线是指平面内到一个定点 F（焦点）和一条定直线 l（准线）距离相等的点的轨迹。它有许多表示方法，例如参数表示、标准方程表示等。

由图 7-5 可知，电极零件中，右上部分抛物线曲线呈现单调递减的变化，并且在图形中可以得知该段抛物线的最高点 $y=40$，最低点 $y=0$。由此可以确定，采用宏程序编程，只需要确定 x 方向的变量运算，就能够求得相对应的 y 的数值。

2. 抛物线的宏程序算法

1）以 x 为变量的抛物线方程式：抛物线的曲线方程式为 $y=x^2/p$，构建其数学模型为

$$\begin{cases} x=t & (7\text{-}1) \\ y=t^2/p & (7\text{-}2) \end{cases}$$

式(7-1) 中，参数 t 表示 x 坐标；式(7-2) 中，参数 t 表示 y 坐标。

如图 7-8 所示，已知抛物线起点 A 及终点 B 的 x 坐标，且 x 坐标呈单调递增（或递减）变化时，宜用参数 t 直接表示 x 坐标，即选用上述公式。

用宏程序编制 AB 段的加工程序时，对应自变量的含义见表 7-5。

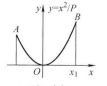
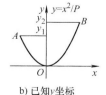

a) 已知 x 坐标　　　b) 已知 y 坐标

图 7-8　抛物线曲线

表 7-5　参数 t 单调递增时的变量含义及赋值

变　量	含　义	表　达　式
#1	参数 t 值	#1 = #1 ± 0.1（t：x1，x2）
#2	终点 t 值	#2 = X2
#3	x 坐标	#3 = #1
#4	y 坐标	#4 = #1 * #1/p

2）以 y 为变量的抛物线方程式：由图 7-5 和图 7-8b 可知，抛物线的起点 A 及终点 O 的 y 坐标。从起点 A 到终点 O 为单调递减的抛物线曲线段，所以选用参数 t 直接表示 y 坐标，构建数学模型为

$$\begin{cases} x = \pm\sqrt{pt} & \text{(7-3)} \\ y = t & \text{(7-4)} \end{cases}$$

用宏程序编制完整的抛物线曲线的加工程序时，对应自变量的含义见表 7-6。

表 7-6　参数 t 非单调变化时的变量含义及赋值

变　量	含　义	表　达　式
#1	参数 t 值	#1 = #1 ± 0.1（t：y1→0→y2）
#2	终点 t 值	#2 = y2
#3	x 坐标	#3 = SQRT[p * #1]
#4	y 坐标	#4 = #1

宏程序编程格式如下：

#1 = y1；	起点 A 的对应 t 为 y_1
#2 = y2；	终点 B 的对应 t 为 y_2
WHILE [#1 GE 0] DO 1；	若未过点 O，则执行循环 1
#3 = SQRT[P * #1]；	设置#3 为抛物线的 x 坐标
#4 = #1；	设置#4 为抛物线的 y 坐标
G01 X[#3] Y[#4] F200；	直线插补至当前计算节点
#1 = #1−0.1；	参数 t 依次减少 0.1
END 1；	若越过终点 O，循环 1 结束
WHILE [#1 LE #2] DO 2；	若未过点 B，则执行循环 2
#3 = − SQRT [p * #1]；	设置#3 为抛物线的 x 坐标
#4 = #1；	设置#4 为抛物线的 y 坐标
G01 X[#3] Y[#4] F200；	直线插补至当前计算点
#1 = #1 + 0.1；	参数 t 依次增加 0.1
END 2；	若越过终点 B，循环 2 结束

有些零件上的抛物线轮廓在工件坐标系中的位置不一定是上述标准型，此

时,可将该抛物线视为标准型抛物线经过旋转与平移后所得。其编程方法是先依照标准型抛物线编程,再用 G68 指令将其旋转并平移。

3. 程序流程

根据以上对图样和算法的设计,最终零件加工宏程序流程为:设起点 *A* 对应的 *t* 为 40,且赋值#1 的初始值为 40,即#1 = 40。

……;

#1 = 40;

#2 = 0;

使用循环语句: WHILE［#1GE#2］DO 2;

条件不成立

　　　　　　　　　　#3 = SQRT［16 * #1］;

　　　　　　　　　　#4 = #1;

　　　　　　　　　　G01 X［#3］Y［#4］F400;

　　　　　　　　　　#1 = #1 - 0.1;

　　　　　　　　　　END 2;

……;

条件成立

7.2.4　宏程序的编写

宏程序如下:

O00001;	
G40 G49 G69 G80 G17;	常用指令取消
G91 G28 Z0;	*Z* 轴移到机床参考点
G90 G54 G0 X0 Y0;	快速定位工件坐标系
M03 S2500;	主轴正转
G43 H01 Z100;	建立刀具长度补偿
G00 X-65.0 Y-65.0;	快速定位到下刀点
Z2.0 M08;	快速下刀至安全平面
#11 = 0;	设置初始切削深度
WHILE［#11GE-5］DO 1;	#11 > -5 时,执行循环 1
G01 Z#11 F200;	*Z* 向下刀
G41 G01 X-40.0 D01 F500;	刀具半径补偿建立
G01 Y35.0;	精铣外轮廓
X-35.0 Y40.0;	*C*5mm 倒角
#1 = 40;	起点 *A* 对应的 *t* 为 40
#2 = 0;	终点 *O* 对应的 *t* 为 0
WHILE［#1GE#2］DO 2;	若未至 *O* 点,则执行循环 2
#3 = SQRT［16 * #1］;	赋值#3 为抛物线的 *x* 坐标
#4 = #1;	赋值#4 为抛物线的 *y* 坐标

G01 X［#3］Y［#4］F400；	直线插补至当前计算节点
#1 = #1 - 0.1；	参数 t 依次减小 0.1
END 2；	至终点 O，循环 2 结束
G01 X20.0 F500；	直线轮廓
G02 Y-40.0 I0 J-20.0；	R20mm 圆弧
G01 X-20.0；	直线
G02 X-40.0 Y-20.0 R20.0；	R20mm 倒圆角
G01 Y0；	直线
G40 X-65.0；	取消刀具半径补偿
#11 = #11 - 0.5；	计算下次切削深度
END 1；	切至 -5mm 深，循环 2 结束
G49 Z150.0 M09；	抬刀并取消刀具长度补偿
G00 Y-65.0 M05；	快速移动到安全位置
M30；	程序结束

7.2.5 零件加工效果

零件加工效果如图 7-9 所示。

图 7-9 零件加工效果

7.2.6 小结

1）在 WHILE 后指定一个条件表达式，当指定条件满足时，执行 DO 到 END 之间的程序，否则转到 END 后的程序段。在本实例中，一共有两处采用循环语句，一个深度方向的循环加工，毛坯材料为 45 钢，在 Z 向深度切削方向，需要分层铣削；另一处为抛物线的循环，将抛物线拟合为极小的直线段，通过已知 Y 坐标系的变化，抛物线函数方程式来确定 X 的坐标数值，通过每次 0.1 的变量，保证轮廓曲线的精确性。

2）用 CAM 软件编程时，若刀具直径改变，一般需要重新生成刀具轨迹。用宏程序编程时，只需修改刀具形状（D）补偿存储器 01 位置的数值即可，无须重新编程，有利于提高小批量生产的加工效率和产品加工精度。

7.2.7　习题

加工零件如图 7-10 所示，材料为 45 钢，编写加工宏程序。

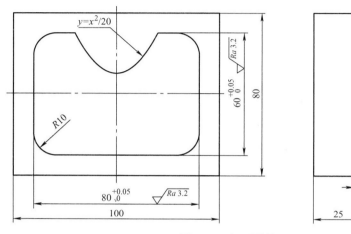

图 7-10　加工零件

7.3　正弦函数曲线的编程思路与程序解析

7.3.1　零件图及加工内容

加工零件如图 7-11 所示，毛坯为 $100\text{mm} \times 80\text{mm} \times 15\text{mm}$ 的板料，材料为 45 钢，零件两边为振幅为 15mm 的正弦曲线，试编写数控铣正弦函数曲线铣削宏程序。

7.3.2　零件图的分析

该实例要求加工两条振幅为 15mm 的正弦曲线，毛坯为 $100\text{mm} \times 80\text{mm} \times 15\text{mm}$ 的板料，材料为 45 钢，加工编程前需要考虑以下几点：

（1）机床的选择　根据毛坯以及加工图样的要求宜采用铣削加工，选择数控铣床，机床系统选择 FANUC 数控系统。

（2）装夹方式　从加工的零件来分析，所要加工的轮廓曲线长度最大为 100mm，如果采用螺栓、压板方式装夹，加工过程中，刀具会与压板发生碰撞，

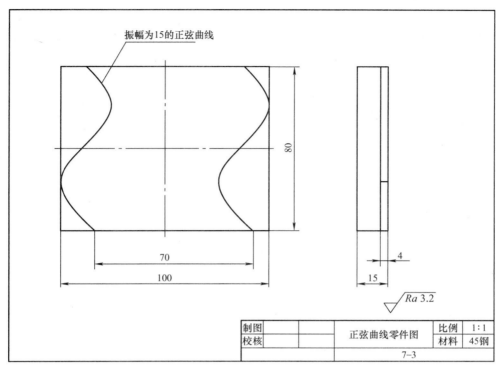

振幅为15的正弦曲线

80

70

100

4

15

√ Ra 3.2

制图		正弦曲线零件图	比例	1:1
校核			材料	45钢
		7–3		

图 7-11　加工零件

所以在本实例中根据毛坯的类型和尺寸以及加工轮廓的形状，在装夹工件时要保证工件平面与工作台平行，比较适合用机用虎钳装夹方式，但装夹时要注意位置，不能影响对刀操作，装夹方式如图 7-12 所示。

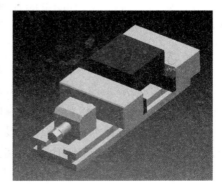

图 7-12　装夹方式

（3）任务准备单　见表 7-7。

表 7-7　任务准备单

任务名称		正弦曲线轮廓加工		图号		7-11

一、设备、附件、材料

序号	分类	名称	尺寸规格	单位	数量	备注
1	设备	数控铣床（加工中心）	FVP1000	台	1	
2	附件	机用虎钳及扳手	150mm	套	1	
3	材料	45 钢	100mm×80mm×15mm	件	1	板料

二、刀具、量具、工具

序号	分类	名称	尺寸规格	单位	数量	备注
1	刀具	立铣刀	ϕ12mm	支	1	
		立铣刀	ϕ10mm	支	1	
2	量具	游标卡尺	0～150mm	把	1	
3	刀具系统	弹簧刀柄	ER32	套	1	相配夹套
		强力刀柄	BT40	套	1	相配夹套
4	工具	刮刀		把	1	
		等高块		套	1	
		铜片		片	若干	
		活扳手		把	1	
		铜棒		根	1	
		锉刀	细锉	套	1	
		刷子		把	1	
5	其他	工作服		套	1	
		护目镜		副	1	
		计算器		个	1	
		草稿本		本	1	

（4）编程原点的选择　本实例 X、Y 方向编程原点的选择没有特殊要求，只需便于编程即可，以下情况均可作为本实例的编程原点。

1）编程原点选择在零件左侧边的中点位置或零件右侧边的中点位置。

2）编程原点选择在长方形的四个顶点。

3）编程原点选择在零件表面的中心位置。

在本实例中，确定 X、Y 方向的编程原点选在零件的正中心位置，Z 方向编程原点在零件的上表面，输入 G54 工件坐标系。

（5）安装寻边器，找正零件的编程原点　略。

（6）确定转速和进给量

1）ϕ12mm 立铣刀转速为 1500r/min，进给量为 500mm/min。

2）ϕ10mm 立铣刀转速为 3500r/min，进给量为 500mm/min。

（7）铣削工序卡片　见表 7-8。

表 7-8　铣削工序卡片

工序	加工内容	设备	刀具	切削用量		
				转速/ （r/min）	进给量/ （mm/min）	背吃刀量/ mm
1	粗铣	数控铣床	ϕ12mm 立铣刀	1500	500	5
2	精铣	数控铣床	ϕ10mm 立铣刀	3500	500	5

7.3.3　宏程序算法及程序流程

1. 算法的设计

1）由于粗加工主要是去除大量的余量，针对零件右侧面正弦曲线进行程序的精加工。正弦曲线加工，采用普通的手工编程很难实现，在 FANUC 系统中，并没有特定的指令来指定，所以利用宏程序来编写。

2）在编写程序时，将曲线分为多段直线，用直线段拟合该曲线。若分为 1000 条线段，每段直线在 Y 轴方向的间距为 0.08mm，对应的正弦曲线的角度增加 360°/1000，根据公式 $x = 35 + 15\sin\alpha$ 计算出每一线段终点的 x 坐标，使用变量进行运算。

2. 程序流程

根据以上对图样和算法的设计，最终零件加工宏程序流程为：设曲线各点 y 坐标的初始值为#3，且赋值#3 的初始值为 40，即#3 = 40。

……；

#3 = 40 − 0.08；

使用循环语句：G41 G01 X#2 Y#3 DO 1；

　　　　　　　#1 = #1 + 0.36；

　　　　　　　#2 = 35 + 15 * SIN［#1］；

　　　　　　　#3 = 40 − 0.08；

　　　　　　　IF［#3GE−50］GOTO 10；

　　　　　　　……；

条件成立

条件不成立

7.3.4　宏程序的编写

宏程序如下：

O0001；	
G40 G49 G69 G80 G17；	常用指令取消
G91 G28 Z0；	Z 轴移到机床参考点
G90 G54 G00 X0 Y0；	快速定位工件坐标系
M03 S3500；	主轴正转，转速 3500r/min
G43 H01 Z100；	刀具长度补偿
X80.0 Y80.0；	快速定位到下刀点
Z5.0 M08；	快速下刀至安全平面
G01 Z−4. F80；	Z 向下刀至 −4mm
#1 = 0；	正弦曲线角度初始值
#2 = 35；	曲线各点 x 坐标的初始值
#3 = 40；	曲线各点 y 坐标的初始值
N10 G41 G01 X#2 Y#3 D01；	建立刀具半径补偿
#1 = #1 + 0.36；	y 值每减小 0.08mm，正弦曲线的角度增加 0.36°
#2 = 35 + 15 ∗ SIN[#1]；	每次变化后的 x 坐标值
#3 = 40 − 0.08；	每次变化后的 y 坐标值
IF［#3GE−50］GOTO 10；	条件判断语句，条件成立时返回到 N10 程序段，否则往下执行
G40 G01 X50 Y−50；	取消刀具半径补偿
G00 Z50；	抬刀到安全平面
M05；	主轴停止
M30；	程序结束

7.3.5　零件加工效果

零件加工效果如图 7-13 所示。

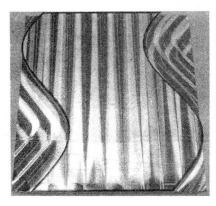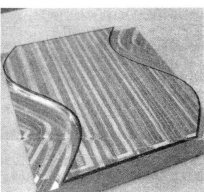

图 7-13　零件加工效果

7.3.6 小结

在编制宏程序时，要牢记变量的种类及特性、变量的赋值方法，熟记常用运算指令和控制指令，能熟练地使用宏程序，这就要求编程人员具有灵活的计算能力，要做大量的练习，积累丰富的工作经验。

7.3.7 习题

加工零件如图 7-14 所示，材料为 45 钢，编写加工宏程序。

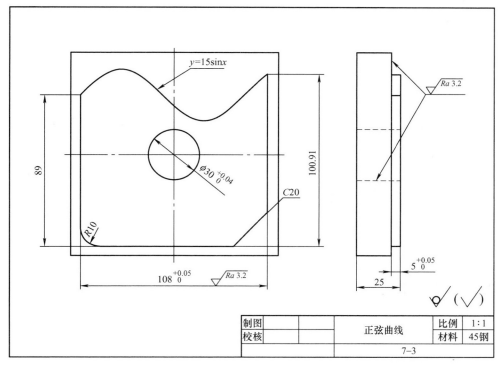

图 7-14　加工零件

第8章 加工中心宏程序之四轴加工实例

本章内容提要

本章将通过圆柱凸轮的简单实例，介绍宏程序编程在数控加工中心四轴加工中的应用。

8.1 圆柱凸轮的编程思路与程序解析

8.1.1 零件图及加工内容

加工零件如图 8-1 所示，凸轮是凸轮机构的关键零件，且圆柱凸轮是立式数控铣附加第四轴的典型加工零件，本实例通过完成圆柱凸轮槽的加工，了解凸轮的技术要求、材料及毛坯的选用，掌握圆柱凸轮槽加工工艺与程序编制以及加工及测量方法，同时掌握相关的理论知识。此实例主要是在具有四轴数控分度盘的数控铣床上完成圆柱凸轮槽的铣削加工，材料为 38CrMoAl，毛坯为 $\phi 85\text{mm} \times 105\text{mm}$ 的圆柱经过内外圆车削至尺寸。圆柱凸轮槽宽度尺寸公差等级为 IT8，表面粗糙度 Ra 值为 $1.6\mu\text{m}$。试合理编制圆柱凸轮的加工工艺与程序，并利用一面两销安装工件，完成圆柱凸轮槽的加工及测量。

8.1.2 机床的选择分析

根据毛坯以及加工图样的要求宜采用四轴加工中心铣削加工，机床系统选择 FANUC 数控系统。

1. 计算机数控分度盘

计算机数控分度盘主要用于旋转定位多面加工及螺旋连续切削加工，可作为附件加装，与常用系统的计算机数控装置连线成为第四、五轴，搭配控制器成为附加轴。配合立式加工中心四、五轴操作界面，可做四、五轴联动加工，广泛适用于数控铣床、钻床及加工中心。计算机数控分度盘采用交流或直流伺

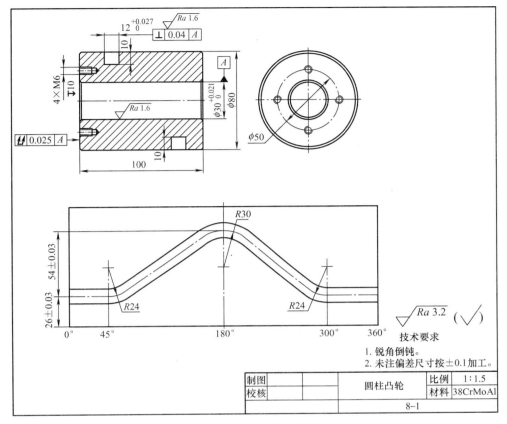

图 8-1　圆柱凸轮零件图

服电动机驱动，以复节距蜗杆蜗轮组作为机构传动，使用油压或气压环抱式锁紧装置，再配以较好的刚性密封结构。

　　计算机数控分度盘主要分四轴计算机数控分度盘（第四轴为 A 轴）和五轴计算机数控分度盘（第四、五轴分别为 A、C 轴）两大类，而四轴计算机数控分度盘（第四轴为 A 轴）俗称附加第四轴。图 8-2 所示为几种台湾潭兴计算机数控分度盘。其中，图 8-2a、b 所示分别为四轴计算机数控分度盘（立、卧两用）和背后式四轴计算机数控分度盘，都可实现四轴联动加工，A 轴可正反连续旋转，区别在于驱动电动机分别装在旋转工作台的右边和背面，型号分别为 MRNC - 255（旋台直径 φ255mm）和 VRNC - 210L（旋台直径 φ210mm）；图 8-2c、d 所示分别为五轴计算机数控分度盘和 4.5 轴计算机数控分度盘，分别能实现任意五轴联动加工和四轴联动加工（A 轴的旋转靠手工调节），型号分别为 TRNC - 255（旋台直径 φ255mm）和 TVRNC - 170（旋台直径 φ170mm）。

　　此外，利用四轴计算机数控分度盘加工较长零件时，可使用尾座提高零件

a) 四轴计算机数控分度盘

b) 背后式四轴计算机数控分度盘

c) 五轴计算机数控分度盘

d) 4.5 轴计算机数控分度盘

图 8-2　几种台湾潭兴计算机数控分度盘

的装夹刚性，如图 8-3 所示，标准的数控分度盘尾座有手动尾座、油/气尾座和圆盘制动尾座三种类型。

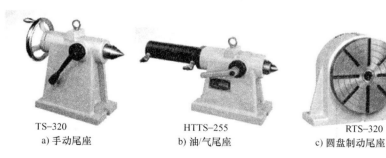

TS–320
a) 手动尾座

HTTS–255
b) 油/气尾座

RTS–320
c) 圆盘制动尾座

图 8-3　数控分度盘尾座

如型号为 MRNC – 255 的四轴计算机数控分度盘（第四轴为 A 轴），其旋台直径为 $\phi255mm$，旋台中心孔直径为 $\phi40H7mm$，最小分度值为 $0.001°$，分度精度为 $15''$，重复定位精度为 $4''$。另外，计算机数控分度盘卧装时旋台中心高度为 167mm，立装时旋台高度为 160mm。

2. 四轴计算机数控分度盘的安装与找正

四轴计算机数控分度盘的安装与找正步骤如下：

1）利用吊环起吊数控分度盘，把安装面擦拭干净。

2）把数控分度盘放置在工作台的右边，并把数控分度盘安装面上的键与工作台中间的 T 形槽配合定位，并使旋转工作台面与 Y 轴平行。

3）预压压板。

4）如图 8-4 所示，利用百分表先找正旋转工作台面与 Z 轴的平行度，如找正 A、B 两点之间，再找正旋转工作台面与 Y 轴的平行度，如找正 C、D 两点之间，根据加工精度一般在 0.01~0.05mm 之内。

5）压紧压板，并校核安装精度。

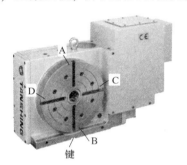

图 8-4　四轴计算机数控分度盘的安装与找正

8.1.3　工件的装夹分析

1. 用自定心卡盘装夹

对于单件生产及有足够夹持距离的圆柱凸轮可用自定心卡盘装夹（正爪行程不够时可用反爪装夹）。此外，如果圆柱凸轮工件较长时，为提高零件的装夹刚性需采用一夹一顶方式装夹，如图 8-5 所示。一般自定心卡盘利用螺钉与旋转工作台连接，通过找正自定心卡盘夹持心轴的跳动来保证卡盘的夹持中心与旋转工作台同轴。

图 8-5　自定心卡盘装夹圆柱凸轮

圆柱凸轮的外圆面一般相对于凸轮安装基准孔无跳动要求，但凸轮槽侧面相对于安装基准孔轴线的跳动有精度要求，应进行找正。因找正内孔不便，可通过找正工艺外圆或端面来保证。因此，在车削加工圆柱凸轮时，安装基准孔与外圆及端面应在一次装夹下加工至尺寸要求。

2. 用简易夹具装夹（一面两销）

在小批量生产中一般不使用夹具，但圆柱凸轮的加工精度及加工费用较高时，为保证加工精度和生产方便可采用简易专用夹具装夹，用一面两销或一面一销定位，如图8-6所示。如果圆柱凸轮安装螺钉孔或销孔与凸轮槽曲线有相互位置关系时，应采用一面两销定位；凸轮的槽宽与深度尺寸较大时，由于切削力较大，为防止工件转动可把螺钉孔加工成工艺孔来定位限制转动。如果圆柱凸轮端面允许加工工艺销孔，则应采用一面两销定位。此外，如果圆柱凸轮工件较长时，为提高装夹刚性也需采用一夹一顶方式装夹。

把夹具体安装在旋转工作台上，夹具体背面 $\phi 40g6$mm 台阶圆与旋台中心 $\phi 40H7$mm 孔相配合，使定位心轴与旋转工作台同轴，内六角螺钉预紧夹具体，并用百分表找正夹具体端面的跳动至要求，再锁紧内六角螺钉校核夹具体轴向圆跳动精度。因两端"找正键槽"中心平面与一面两销的中心线在同一个平面，所以转动第四轴（A 轴）来找正两端的"找正键槽"中心平面与 Z 轴平行，并输入当前 A 轴的机床坐标系角度为工件坐标系 A 轴的"零"点。

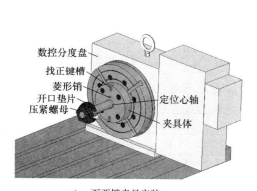
a) 一面两销夹具安装

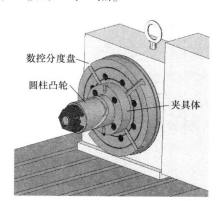
b) 圆柱凸轮安装

图8-6 一面两销装夹圆柱凸轮

本实例采用一面两销装夹圆柱凸轮。

8.1.4 工艺装备的选择

任务准备单 见表8-1。

表 8-1　任务准备单

任务名称		圆柱凸轮加工		图号		8-1

一、设备、附件、材料

序号	分类	名称	尺寸规格	单位	数量	备注
1	设备	数控铣床（加工中心）	MV650	台	1	
2	附件	附加第四轴	WGNC-255N	套	1	旋台直径 φ255mm
		一面两销夹具体		套	1	
3	材料	38CrMoAl	φ85mm×105mm	件	1	外圆、内孔车至尺寸

二、刀具、量具、工具

序号	分类	名称	尺寸规格	单位	数量	备注
1	刀具	键槽铣刀	φ10mm、φ6mm	把	各1	
		立铣刀	φ12mm	把	1	
		丝锥	M6	支	1	
		麻花钻	φ5mm	支	1	
2	量具	杠杆百分表及表座	0~0.8mm, 0.01mm	套	1	
		圆柱塞规	φ12h8mm	只	1	
		游标卡尺	0~150mm	把	1	
		表面粗糙度样板		套	1	
		塞规	φ12H8mm			
3	刀具系统	弹簧刀柄	ER32	套	3	相配的弹性套
4	工具	刮刀		把	1	
		塞尺	0.02~2mm	套	1	
		铜片		片	若干	
		活扳手		把	1	
		铜棒		根	1	
		锉刀	细锉	套	1	
		清洗油		L	若干	
		油壶		把	1	
		刷子		把	1	
5	其他	工作服		套	1	
		护目镜		副	1	
		计算器		个	1	
		草稿本		本	1	

8.1.5　圆柱凸轮的加工方法

1. 圆柱凸轮槽的编程方法

圆柱凸轮槽的编程方法有手工四轴编程、四轴 CAM 编程和两轴 CAM 转四轴编程三种。手工四轴编程普遍根据凸轮槽的中心线应用宏程序方法编制加工程序，虽难度较大，但非常实用。四轴 CAM 编程需先借助软件进行 CAD 造型，然后编制四轴 CAM 加工轨迹，最后根据数控机床的数控系统进行后置处理，得到所需加工程序，如图 8-7 所示。两轴 CAM 转四轴编程需先借助软件进行凸轮槽展开图的 2D 图形绘制，再编制两轴 CAM 加工轨迹，然后根据数控机床的数控系统进行后置处理，得到所需加工程序，最后把两轴加工程序人工转换为四轴加工程序，也就是把 Y 坐标值相应转换为 A 轴转角加工坐标值，如图 8-8 所示。

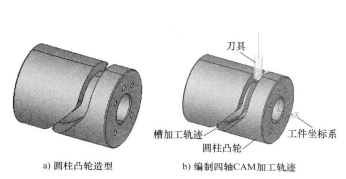

a) 圆柱凸轮造型　　　　b) 编制四轴CAM加工轨迹　　　　　　c) 后置处理

图 8-7　四轴 CAM 编程

2. 扩刀铣削法

加工圆柱凸轮槽的扩刀铣削法与轴上键槽的扩刀铣削法相同，也是先选用比加工凸轮槽宽度小 $0.5 \sim 1mm$ 的铣刀，一般对环形槽单向铣削至深度尺寸，再用符合键槽宽度尺寸的铣刀进行精铣，为较好地保证凸轮槽宽度尺寸及与设计槽中心平面的对称度精度，精铣刀要向上离开底面 $0.05 \sim 0.1mm$，单向进给铣削，每次铣削深度 a_p 为铣刀直径的 $50\% \sim 100\%$。精铣时侧面余量较少及两个切削刃的径向力能相互平衡，产生极小的让刀量，因此凸轮槽侧面的表面粗糙度值较小及对称度较好。扩刀铣削法适合于手工四轴编程加工圆柱凸轮槽，特别适合较小凸轮槽的加工，因手工四轴编程是根据凸轮槽的中心线编制加工程序，而不是根据凸轮槽的侧面编制加工程序。图 8-9 所示为圆柱凸轮的剖视图，粗加工应选择 $\phi11mm$ 键槽铣刀，单侧面精加工余量为 $0.5mm$，精加工根据槽宽

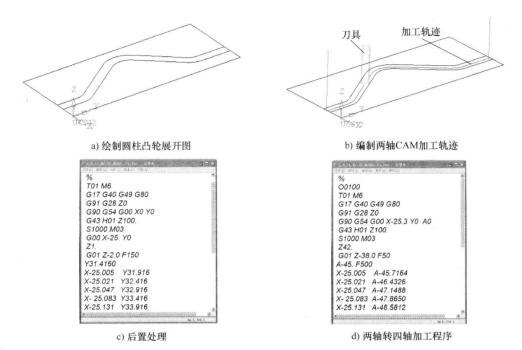

a) 绘制圆柱凸轮展开图   b) 编制两轴CAM加工轨迹

```
%
T01 M6
G17 G40 G49 G80
G91 G28 Z0
G90 G54 G00 X0 Y0
G43 H01 Z100.
S1000 M03
G00 X-25. Y0
Z1.
G01 Z-2.0 F150
Y31.4160
X-25.005   Y31.916
X-25.021   Y32.416
X-25.047   Y32.916
X- 25.083  Y33.416
X-25.131   Y33.916
```

c) 后置处理

```
%
O0100
T01 M6
G17 G40 G49 G80
G91 G28 Z0
G90 G54 G00 X-25.3 Y0  A0
G43 H01 Z100.
S1000 M03
Z42.
G01 Z-38.0 F50
A-45. F500
X-25.005   A-45.7164
X-25.021   A-46.4326
X-25.047   A-47.1488
X- 25.083  A-47.8650
X-25.131   A-48.5812
```

d) 两轴转四轴加工程序

图 8-8　两轴 CAM 转四轴编程

$12^{+0.027}_{0}$mm 选择 ϕ12mm 立铣刀或键槽铣刀加工。此外，如果精铣刀直径有微量磨损，凸轮槽宽度尺寸存在误差，则只需在程序中编制 x 向偏置加工至槽宽尺寸。

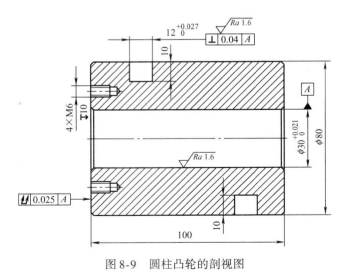

图 8-9　圆柱凸轮的剖视图

3. 轮廓插补法

轮廓插补法一般适合加工大宽度的凸轮槽，是数控铣床加工的特点之一。粗加工凸轮槽时选用铣刀的直径 D 为 B/2 < D < B（大于凸轮槽宽度 B 的一半，小于凸轮槽宽度 B）的机夹立铣刀，通过沿凸轮槽轮廓分层插补，单侧面留 0.1~0.2mm 余量，深度至尺寸；再选用刚性、性价比较高的整体立铣刀沿凸轮槽轮廓插补精铣的轮廓插补铣削方法，并可分层或单刀铣至深度要求。为得到更好的凸轮槽侧面表面质量及对称度，铣削时采用沿凸轮槽轮廓插补顺铣的加工策略（插补可分层或单刀铣至深度的方法精铣）。轮廓插补法适合四轴 CAM 编程和两轴 CAM 转四轴编程加工圆柱凸轮槽。此外，如果精铣刀直径有微量磨损，凸轮槽宽度尺寸存在误差，也可修改 CAM 编程余量，再进行程序后置处理即可。

4. 改善切削情况

一般在粗加工圆柱凸轮槽时，往往刀具中心对准工件中心切削，刀具端刃中心以"零"线速度切削槽底面，导致刀具端刃中心磨损严重和槽底面表面粗糙度值较大的情况。为改善此切削情况，刀具可以相对工件中心在 Y 轴正、负方向（径向）偏置一小段距离 L，如图 8-10 所示，使刀具端刃中心不参与切削加工。但偏置的距离不宜过大，并且精加工时决不能径向偏置，否则，圆柱凸轮槽曲线与设计不同导致运动动作与设计不符。此径向偏置距离 L 可根据圆柱凸轮槽侧面所留精加工余量和槽的螺旋角计算，要保证凸轮槽侧面有足够的精加工余量。

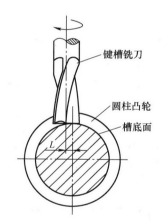

键槽铣刀

圆柱凸轮

槽底面

图 8-10 刀具中心相对工件中心
在 Y 轴方向偏置

8.1.6 圆柱凸轮槽加工宏程序应用方法

圆柱凸轮槽加工时刀具始终在 Y 轴的"零"点上，X 轴和 A 轴做联动或单独运动，也就是刀具在 X 轴的正、负向移动的同时，圆柱凸轮在第四轴的带动下做旋转运动，从而合成所需的加工轨迹，铣削出凸轮槽。因此，手工四轴编制圆柱凸轮槽加工程序，其关键在于处理好刀具 X 方向移动与凸轮槽转角之间的规律关系，也就是宏程序的关系式。而对于深度的分层加工，可以利用宏程序重复调用凸轮槽轮廓插补轨迹加工。圆柱凸轮粗加工选用 ϕ11mm 键槽铣刀，单侧面留精加工余量为 0.5mm，精加工根据槽宽 $12^{+0.027}_{0}$mm 选择 ϕ12mm 立铣刀加工。编程思路如下：

1. 加工动作分析

如图 8-1 中的展开图所示，凸轮槽铣削时刀具在 300°～360°和 0°～45°只是一个旋转轴 A 做运动；45°～300°为 X 轴和 A 轴联动，其中斜线部分在编程时只要编写目标点坐标"X ___ A ___"即可，但三段圆弧因在立式数控铣床（加工中心）上不能编制柱面圆弧，因此，采用直线拟合的方式用宏程序编写加工程序。

2. 编写柱面圆弧加工宏程序（以展开圆弧槽中心线编程）

其主要编程方法有解析方程法和三角函数法两种。但不管用哪种方法都是采用直线拟合的方式用宏程序编写加工程序，计算刀具在某点的 x 坐标和角度坐标是编制宏程序的关系式，编程时根据圆柱凸轮槽展开图只能计算刀具在某点的 x 坐标和弧长，因此应把弧长换算为角度，其换算公式如下

$$\theta = \frac{L \times 360°}{\pi D}$$

式中　θ——凸轮转角（°）；

　　　L——弧长（mm）；

　　　D——凸轮直径（mm）。

如图 8-11 所示，编制直线 AB 段和圆弧 BC 段粗加工程序，材料为 38CrMoAl，选用 φ11mm 键槽铣刀，AB 段只需 A 轴运动，圆弧 BC 段采用三角函数法编制加工程序，编程思路如下：

分析得出图 8-12 所示为圆弧 BC 段宏编程原理图，宏程序格式如下：

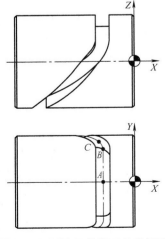

图 8-11　圆柱凸轮的工件坐标系

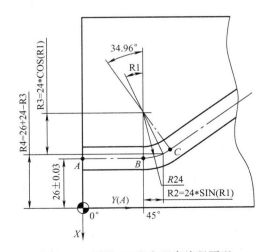

图 8-12　圆弧 BC 段宏程序编程原理

设：BC 段圆弧角度变量为#1，取值范围#1 = 0°～34.96°；

加工时刀具在某点的 X 坐标和角度坐标是：

#3 = 24. * COS[#1]

#2 = 24. * SIN[#1]

#2 弧长对应角度#5 = #2 * 360/3.14159/80.

X = −#4 = −[26 + 24−#3]　　　计算 x 坐标

#5 = #2 * 360/3.14159/80.　计算 x 坐标时凸轮转角

A = −[45 + #5]　　　　　　计算 A 轴角度

#1 = #1 + 0.3496

……；

#1 = 0.3496；

使用循环语句：N90　#2 = 24. * SIN[#1]　#3 = 24. * COS[#1]；

#4 = 26 + 24−#3；

#5 = #2 * 360/3.14159/80.

G1 X−#4　A−[45. + #5] F400；

#1 = #1 + 0.3496；　每次角度递增 0.3496°

IF [#1 LE 34.96] GOTO 90；

……；

O0001；

G40 G49 G69 G80 G17；	常用指令取消
G91 G28 Z0；	Z 轴移到机床参考点
G90 G54 G0 X0 Y0；	快速定位工件坐标系
M03 S6000；	主轴正转
G43 H3 Z100；	刀具长度补偿
M08；	切削液打开
G0 X−26；	X 轴移至工件外边
Z42；	安全高度
G1 Z37 F50；	Z 轴下刀
A−45；	铣削至凸轮 B 点
#1 = 0.3496；	给角度变量赋初值
N10 #2 = 24 * SIN(#1) #3 = 24 * COS(#1)；	#2、#3 赋值
#4 = 26 + 24−#3；	计算 x 坐标
#5 = #2 * 360/3.14159/80；	计算 x 坐标时凸轮转角
G1 X = −#4　A = −(45 + #5) F400；	直线拟合插补圆弧 BC
#1 = #1 + 0.3496；	每次角度递增 0.3496°
IF[#1 LE 34.96] GOTO 10；	条件判断语句，条件成立时返回 N10 段程序，否则往下执行

G91 G28 Z0；	Z轴移到机床参考点
G28 Y0；	Y轴移到机床参考点
M05；	主轴停止
M09；	切削液关闭
M30；	程序结束

8.1.7　小结

1. 数控分度盘及夹具安装注意事项

1）数控分度盘安装前一定要擦拭干净安装面，并在压板紧固后再检查一次。

2）工件安装后要检查螺栓及压板与分度盘、工作台的干涉，防止碰撞。

2. 凸轮槽侧面与安装孔轴线垂直度的影响因素

1）数控分度盘上所安装的夹具回转轴线与工作台不平行。

2）工件安装面在安装之前要擦拭干净，防止切屑影响凸轮端面与安装轴线的垂直度。

3）凸轮以一面一销或一面两销方式安装，其安装端面应选与内孔一次安装下加工出的端面。

8.2　经典四轴联动试件的编程思路与程序解析

8.2.1　零件图及加工内容

加工零件如图 8-13 所示，凸轮是凸轮机构的关键零件，且圆柱凸轮是立式数控铣附加第四轴的典型加工零件，本实例通过完成圆柱凸轮槽的加工，了解凸轮的技术要求、材料及毛坯的选用，掌握圆柱凸轮槽加工工艺与程序编制以及加工及测量方法，同时掌握相关的理论知识。此实例主要是在具有四轴数控分度盘的数控铣床上完成圆柱凸轮槽的铣削加工，材料为 38CrMoAl，毛坯为 $\phi85mm \times 105mm$ 的圆柱经过内外圆车削至尺寸。圆柱凸轮槽宽度尺寸公差等级为 IT8，表面粗糙度 Ra 值为 1.6μm。试合理编制圆柱凸轮的加工工艺与程序，并利用一面两销安装工件，完成圆柱凸轮槽的加工及测量。

8.2.2　零件图的分析

该实例要求加工圆柱凸轮槽的铣削，材料为 38CrMoAl，毛坯为 $\phi85mm \times 105mm$ 的圆柱经过内外圆车削至尺寸。圆柱凸轮槽宽度尺寸公差等级为 IT8，表面粗糙度 Ra 值为 1.6μm，加工编程前需要考虑以下几点：

（1）机床的选择　根据毛坯以及加工图样的要求宜采用铣削加工，选择数控四轴加工中心，机床系统选择 FANUC 数控系统。

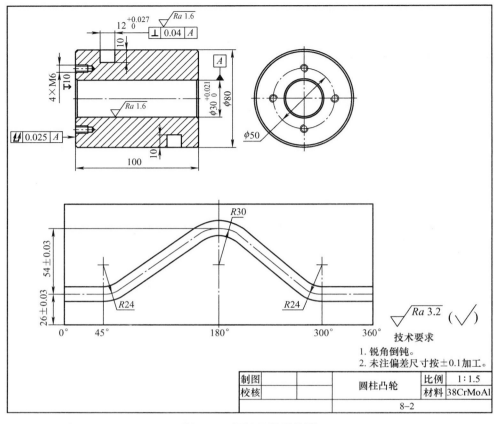

图 8-13　圆柱凸轮零件图

（2）装夹方式　从加工的零件和要求来分析，本零件采用简易夹具装夹（一面两销），如图 8-14 所示。

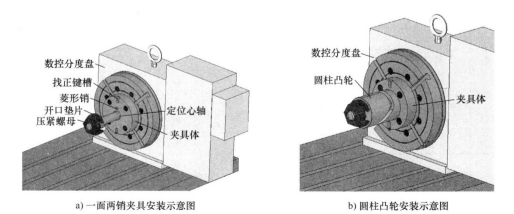

a) 一面两销夹具安装示意图　　　b) 圆柱凸轮安装示意图

图 8-14　一面两销装夹圆柱凸轮

（3）任务准备单　见表8-2。

表8-2　任务准备单

任务名称	圆柱凸轮加工			图号		8-13

一、设备、附件、材料

序号	分类	名称	尺寸规格	单位	数量	备注
1	设备	数控铣床（加工中心）	MV650	台	1	
2	附件	附加第四轴	WGNC－255N	套	1	旋台直径 φ255mm
		一面两销夹具体		套	1	
3	材料	38CrMoAl	φ85mm×105mm	件	1	外圆、内孔车至尺寸

二、刀具、量具、工具

序号	分类	名称	尺寸规格	单位	数量	备注
1	刀具	键槽铣刀	φ10mm、φ6mm	把	各1	
		立铣刀	φ12mm	把	1	
		丝锥	M6	支	1	
		麻花钻	φ5mm	支	1	
2	量具	杠杆百分表及表座	0~0.8mm，0.01mm	套	1	
		圆柱塞规	φ12h8mm	只	1	
		游标卡尺	0~150mm	把	1	
		表面粗糙度样板		套	1	
		塞规	φ12H8mm			
3	刀具系统	弹簧刀柄	ER32	套	3	相配的弹性套
4	工具	刮刀		把	1	
		塞尺	0.02~2mm	套	1	
		铜片		片	若干	
		活扳手		把	1	
		铜棒		根	1	
		锉刀	细锉	套	1	
		清洗油		L	若干	
		油壶		把	1	
		刷子		把	1	
5	其他	工作服		套	1	
		护目镜		副	1	
		计算器		个	1	
		草稿本		本	1	

（4）编程原点的选择　本实例是四轴零件的加工，为了保证零件的对称度，必须知道安装工件轴线的位置，才能确定工件坐标系 Y 向的原点，常用轴线位置确定方法如下：

1）用铣刀以外圆母线对中心。

2）用寻边器以外圆母线对中心。

3）用杠杆百分表对中心。

在本实例中，确定 X、Y 方向的编程原点选在零件的端面位置，Z 方向编程原点在零件的中心，如图8-15所示，输入G54工件坐标系。

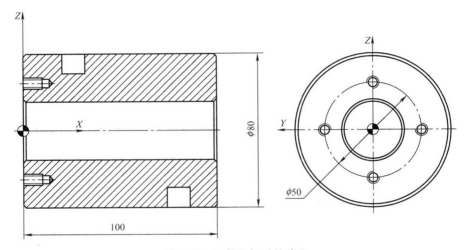

图8-15　工件坐标系的建立

（5）安装寻边器，找正零件的编程原点　略。

（6）确定转速和进给量

1）$\phi6$mm 立铣刀转速为4000r/min，进给量为400mm/min。

2）$\phi10$mm 立铣刀转速为3000r/min，进给量为800mm/min。

3）$\phi12$mm 立铣刀转速为3500r/min，进给量为500mm/min。

（7）加工工序卡片　见表8-3。

表8-3　加工工序卡片

工序	加工内容	设备	刀具	切削用量		
				转速/ （r/min）	进给量/ （mm/min）	背吃刀量/ mm
1	粗铣	数控铣床	$\phi6$mm 立铣刀	4000	400	3
2	粗铣	数控铣床	$\phi10$mm 立铣刀	3000	800	9
3	精铣	数控铣床	$\phi12$mm 立铣刀	3500	500	1

8.2.3 宏程序算法及程序流程

1. 圆柱凸轮展开图的识图方法

展开图是空间形体的表面在平面上摊平后得到的图形，是画法几何研究的一项内容。如图 8-16 所示，圆柱体的展开，即把圆柱的侧面沿其一条母线剪开，展在一个平面上，得到矩形 $ABCD$，圆柱侧面上平行于轴的线段叫作圆柱的母线，如 AB 或 CD 线，矩形的另一组对边 AD、BC 是圆柱的周长。在表示圆柱凸轮展开图时，在周长方向以角度为单位，轴向以长度为单位。圆柱凸轮展开图即是包裹在圆柱表面上的图形在平面上摊平后得到的二维图形，绘图时为保证角度方向和轴向的尺寸比例关系，则角度方向也以长度方式来表示角度，其长度与角度的关系为

$$L = \pi DA/360°$$

式中　　L——角度为 A 时所对应的周长（弧长）（mm）；

　　　　D——圆柱直径（mm）；

　　　　A——角度（°）。

如 $\phi50$mm 圆柱凸轮上 90°弧长所对应的周长为

$$L = \pi DA/360° = (3.14159 \times 50 \times 90/360)\,\text{mm} = 39.2699\,\text{mm}$$

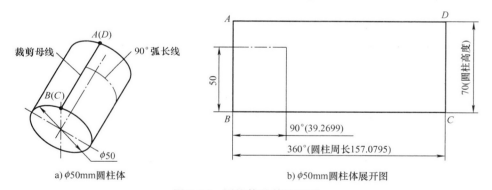

a) $\phi50$mm 圆柱体　　　　　　b) $\phi50$mm 圆柱体展开图

图 8-16　圆柱体及其展开

2. 附加第四轴（A 轴）的编程方法

附加第四轴（A 轴）就是计算机数控分度盘的回转轴，作为附件可选装在立式数控铣床或加工中心机床上，可实现四轴（X、Y、Z、A）联动加工，并且 A 轴可作正、负方向的连续旋转。A、B、C 轴为分别围绕 X、Y、Z 轴的旋转轴，其运动的正、负方向可用右手螺旋定则判定：大拇指指向某一线性轴（X 轴）的正向，四指指向旋转轴（A 轴）的正向，其四指代表刀具轴的旋转方向。一般计算机数控分度盘常常立式安装在工作台的右边，其 A 轴的正、负运动方向如图 8-17 所示。

1）编程格式：

G1X ___ Y ___ Z ___ A ___ F ___;

其中，X、Y、Z——编程目标点长度坐标；

A——编程目标点转角坐标；

F——进给速度。

G2／G3 圆弧插补指令编程时不能包含 A 轴坐标，否则报警。

2）环形油槽加工实例。

图 8-18 所示为某传动轴，其环形油槽是横截面为 $R5\text{mm}$ 的圆弧面环形包裹在 $\phi80^{-0.01}_{-0.04}\text{mm}$ 外圆表面上，$0°\sim360°$ 来回环绕，需用 $R5\text{mm}$ 的球头铣刀轴向往复直线移动结合工件旋转才能加工出此环形油槽，主要部分编程如下：

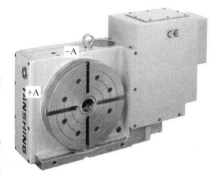

图 8-17　A 轴的正、负运动方向

G0 X20 Y0 A0；

Z2；

G1 Z–2 F40；

G1 X80 A–180 F400；

X20 A0；

G0 Z200；

M2；

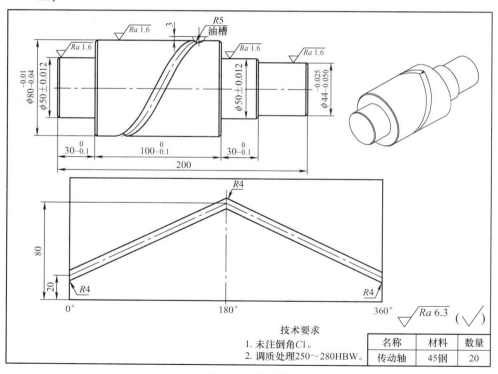

图 8-18　传动轴

8.2.4　宏程序的编写

根据图 8-19 所示凸轮槽展开图，编制凸轮槽粗铣加工程序。

要求：选用 $\phi 11mm$ 键槽铣刀进行深度分层方式粗加工凸轮槽至深度 10mm。

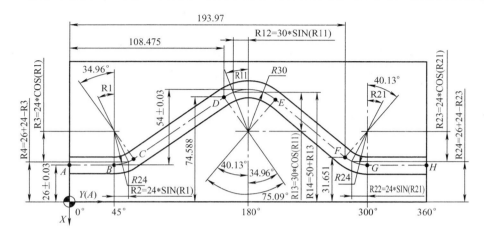

图 8-19　凸轮槽宏程序编程原理

加工程序如下：

```
O0001（CJJGJY8）;
N10 T1 M6;
N20 G17 G40 G49 G80;
G91 G28 Z0;
G90 G54 G0 X0 Y0 A0;
G43 H1 Z50.;
N30 M3 S1700;
    M8;                              主轴正转,加切削液
N40 G64 X-26.;
N50 Z42.;                            安全高度
N60 #9=40.-3.35;                     切深赋初始值
N70 G1 Z#9 F40;                      赋第一层切深值
N80 A-45.;                           铣削至凸轮 B 点
N90 #1=0.3496;                       给圆弧 BC 角度变量赋初值
N100 #2=24.*SIN[#1]
     #3=24.*COS[#1];
N110 #4=26.+24.-#3;                  计算 x 坐标
N120 #5=#2*360./3.14159/80.;         计算 x 坐标时凸轮转角
N130 G1 X-#4  A[-45.+#5] F400;       直线拟合插补圆弧 BC
N140 #1=#1+0.3496;                   每次角度递增 0.3496°
N150 IF[#1LE34.96]GOTO 100;          循环条件判断语句,条件成立时返回 N100 程序
                                     段,否则执行 N160 程序段
```

N160 G1 X-74. 588；

　　　　A-［108. 475 * 360/PI/80］；　　　　直线插补至 D 点

N170 #11 = - 34. 96　　　　　　　　　　　给圆弧 DE 角度变量赋初值

N180 #12 = 30. * SIN［#11］；

　　　　#13 = 30. * COS［#11］；

N190 #14 = 50. + #13；　　　　　　　　　计算 x 坐标

N200 #15 = #12 * 360/3. 14159/80；　　　计算 x 坐标时凸轮转角

N210 G1 X-#14 A-［180. + #15］F400；　　直线拟合插补圆弧 DE

N220 #11 = #11 + 0. 7509；　　　　　　　每次角度递增 0. 7509°

N230 IF［#1LE40. 13］GOTO 180；　　　　　循环条件判断语句,条件成立时返回 N180 程序
　　　　　　　　　　　　　　　　　　　　　段,否则执行 N240 程序段

N240 X-31. 651；

　　　　A-［193. 97 * 360. /PI/80. ］；　　直线插补至 F 点

N250 #21 = 40. 13；　　　　　　　　　　给圆弧 FG 角度变量赋初值

N260 #22 = 24. * SIN［#21］；

　　　　#23 = 24. * COS［#21］；

N270 #24 = 26. + 24. - #23；　　　　　　计算 x 坐标

N280 #25 = #22 * 360. /3. 14159/80. ；　计算 x 坐标时凸轮转角

N290 G1 X-#24 A-［300. - #15］F400；　　直线拟合插补圆弧 FG

N300 #21 = #21 - 0. 4013；　　　　　　　每次角度递增 0. 4013°

N310 IF［#1GE0］GOTO 260；　　　　　　　循环条件判断语句,条件成立时返回 N260 程序
　　　　　　　　　　　　　　　　　　　　　段,否则执行 N320 程序段

N320 G1 X-26. A360. ；　　　　　　　　　直线插补至 H' 点

N330 G0 Z70. ；　　　　　　　　　　　　分层快速抬刀

N340 A0；　　　　　　　　　　　　　　　第四轴返回"零"点

N350 #9 = #9-3. 35；　　　　　　　　　　每次切深 3. 35mm

N360 IF［#9GE29. ］GOTO 70；　　　　　　循环条件判断语句,条件成立时返回 N70 程序
　　　　　　　　　　　　　　　　　　　　　段,否则执行 N370 程序段

N370 G0 Z200 M9；　　　　　　　　　　　快速抬刀

N380 G91 G28 Y0；　　　　　　　　　　　返回参考点 Y0

N390 M30；

8.2.5　零件加工效果

零件加工效果如图 8-20 所示。

8.2.6　小结

1）在加工凸轮槽内凹圆弧时应降低 F 进给量，太快会造成圆弧处少切或过切，以及影响表面粗糙度。

2）宏程序分层加工凸轮槽需注意深度变量初始值及最终深度的判别条件设置，以及 A 轴返回下刀点之前提刀到合理的高度，以防止发生撞刀。

图 8-20　零件加工效果

8.2.7　习题

加工零件如图 8-21 所示，材料为 45 钢，编写加工宏程序。

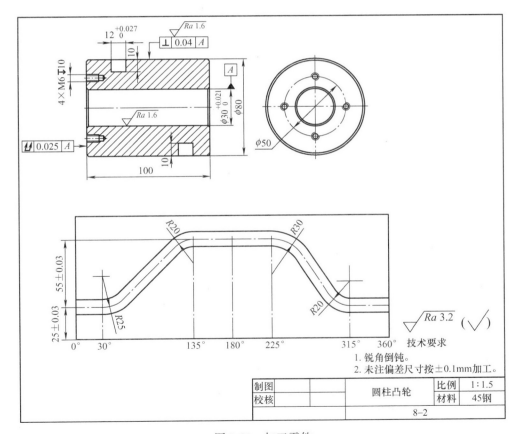

图 8-21　加工零件

第9章　车铣复合宏程序编程思路与加工实例程序

本章内容提要

　　本章将通过车削中心加工涡轮发动机的主要零件实例，介绍各类车铣复合宏程序编程在车削中心宏程序中的应用。这些实例的编程都是经典例题，在车铣复合加工中也是较为常见的加工任务，因此，熟练掌握宏程序编程在车削中心的应用是学习宏程序编程的关键点。

9.1　车削中心

　　车削中心是一种以车削加工模式为主，添加铣削动力刀座（图9-1）、动力刀盘（图9-2）或机械手，可进行铣削加工模式的车铣合一的切削加工机床类型。在回转动力刀盘上安装带动力电动机的铣削动力头，装夹工件的回转主轴转换为进给 C 轴，便可对回转零件的圆周表面及端面等进行铣削类加工。其主

图9-1　动力刀座

图9-2　动力刀盘

要控制方式为五轴三联动，分别是 X、Z、C 独立动力头（径向和轴向）轴。其中，C 轴绕主轴旋转，进行分度控制（精确编码器）。实际加工中一般由固定刀座完成工件的外圆、端面加工及钻中心孔、镗孔等工艺，而由动力刀座与主轴的 C 轴功能配合，完成工件的铣削、钻孔、攻螺纹、滚齿等功能。

9.1.1 工艺特点

车削中心的工艺特点如下：

1）工序集中，易于保证工件各加工面的位置精度。例如，易于保证同轴度要求。利用卡盘安装工件，回转轴线是车床主轴的回转轴线；利用前后顶尖安装工件，回转轴线是两顶尖的中心连线。另外，车削加工中心易于保证工件端面与轴线的垂直度要求。

2）切削过程较平稳，避免了惯性力与冲击力，允许采用较大的切削用量高速切削，利于提高生产率。

3）适用于有色金属零件的精加工。有色金属零件的表面粗糙度 Ra 值要求较小时，不宜采用磨削加工，需要用车削或铣削等。用金刚石车刀进行精细车时，可得到较高的表面质量。

4）刀具简单。车刀的制造、刃磨和安装均较方便。

9.1.2 常规编程

（1）常规编程概述 程序就是确定机床的主轴、刀架的动作和一些辅助功能的指令的组合，以达到零件得到加工的目的。这些指令以程序语言编写，含有一系列程序段（一行程序）。程序段是程序最基本的单元。每段程序结束必须含有结束符——分号（；），一个程序段的字可依照任何合适的顺序排序。推荐顺序：／，N，G，X，Z，U，W，B，C，I，K，P，Q，R，A，F，S，T，M。

（2）车削中心各轴的命名 车削中心各轴的说明如图 9-3 所示。

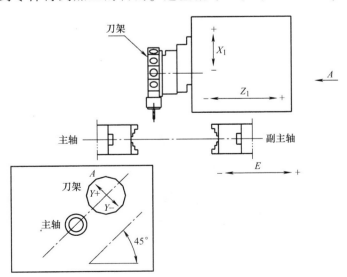

图 9-3 车削中心各轴的说明

（3）车削中心常用指令

1）常用 M 功能说明见表 9-1。

表 9-1　常用 M 功能说明

代　码	功　能	说　明
M00	程序停止	暂停程序执行
M01	可选停止	暂停程序执行。通过操作面板上的开关来选择此功能是否有效
M02	程序结束	
M03	主轴正转	
M04	主轴反转	
M05	主轴停止	
M08	切削液开	
M09	切削液关	
M10	卡盘夹紧	
M11	卡盘松开	
M19	主轴定位 1	
M20	主轴定位 2	
M25	尾座前进	
M26	尾座后退	
M30	程序结束并返回开头	
M45	C 轴连接	
M46	C 轴释放	
M98	子程序调用	
M99	子程序结束	
M200	排屑器起动（前进方向）	
M201	排屑器停止	
M712	尾座轴联锁功能关闭	
M713	尾座轴联锁功能关闭取消	

2）常用 G 指令。

① G10——从程序中进行补偿值设定。

a. 从程序中进行工件偏置设定：

格式：G10 P0 X（U）__ Z（W）__；

其中，Z——工件偏置值。

b. 从程序中进行刀具补偿值设定：

格式：G10 P× X __ Z __ R __ Q __；

其中，×——1～32 表示磨损补偿号；10001～10032 表示几何补偿号；

X——刀具在 X 方向的磨损补偿（当×为 1～32 时）或刀具在 X 方向的几何补偿（当×为 10001～10032 时）；

Z——刀具在 Z 方向的磨损补偿（当×为 1～32 时）或刀具在 Z 方向的几何补偿（当×为 10001～10032 时）；

R——刀具的刀尖半径值；

Q——象限号。

② 孔加工固定循环是普通钻孔固定循环 G83/G87、镗孔固定循环 G85/G89 及攻螺纹固定循环 G84/G88 等的简称。其指令格式为

G83 X（U）__ C（H）__ Z（W）__ R __ Q __ P __ K __ F __ M __；端面钻孔循环

G87 Z（W）__ C（H）__ X（U）__ R __ Q __ P __ K __ F __ M __；圆周钻孔循环

G85 X（U）__ C（H）__ Z（W）__ R __ P __ K __ F __ M __；端面镗孔循环

G89 Z（W）__ C（H）__ X（U）__ R __ P __ K __ F __ M __；侧面镗孔循环

G84 X（U）__ C（H）__ Z（W）__ R __ P __ K __ F __ M __；端面攻螺纹循环

G88 Z（W）__ C（H）__ X（U）__ R __ P __ K __ F __ M __；圆周攻螺纹循环

当用于端面循环时，X（U）、C（H）为孔的位置坐标，Z（W）为孔的底部坐标；当用于侧面循环时，Z（W）、C（H）为孔的位置坐标，X（U）为孔的底部坐标；

R——初始点到 R 点的距离，带正负号；

Q——钻孔深度；

P——刀具在孔底停留的延迟时间；

K——钻孔重复次数（根据需要指定）；

F——钻孔进给速度，以 mm/min 表示；

M——C 轴夹紧 M 代码（根据需要）。

③ G107：启用圆柱面插补。

④ G112：启用极坐标插补。

⑤ G113：取消极坐标插补。

3）其他 M 功能说明。

① M13：主轴正转 + 切削液开（M03 + M08）。

② M14：主轴反转 + 切削液关（M04 + M09）。

③ M23：启用 C 轴（控制）。

④ M24：关闭 C 轴。

⑤ M29：刚性攻螺纹。

⑥ M51：径向动力头正转，切削液关闭。

⑦ M53：径向动力头正转，切削液开启。

⑧ M52：轴向动力头正转，切削液关闭。

⑨ M54：轴向动力头正转，切削液开启。

⑩ M55：动力头取消。

（4）操作面板及刀架　如图 9-4 所示。

图 9-4　操作面板及刀架

9.2　涡轮发动机加工应用

通过加工涡轮发动机的各个组成部分来熟悉并掌握车削中心的手工编程及宏程序的应用。涡轮发动机模型如图 9-5 所示。

图 9-5　涡轮发动机模型

9.2.1　涡轮发动机加工分析

（1）任务准备单　见表9-2。

表9-2　任务准备单

任务名称	涡轮发动机模型		图号		9.5

一、设备、附件、材料

序号	分类	名称	尺寸规格	单位	数量	备　注
1	设备	车削加工中心	DL25MHSY	台	1	
2	附件	径向动力头	THC-A01-40A	个	3	
		轴向动力头	THC-A02-40A	个	3	
3	材料	6061 铝材	$\phi50\text{mm}\times60\text{mm}$	件	1	
		6061 铝材	$\phi40\text{mm}\times55\text{mm}$	件	1	
		6061 铝材	$\phi40\text{mm}\times60\text{mm}$	件	1	
		6061 铝材	$\phi55\text{mm}\times40\text{mm}$	件	1	
		6061 铝材	$\phi55\text{mm}\times55\text{mm}$	件	1	
		6061 铝材	$\phi65\text{mm}\times40\text{mm}$	件	1	
		6061 铝材	$\phi50\text{mm}\times50\text{mm}$	件	1	
		45 钢	$\phi65\text{mm}\times180\text{mm}$	件	1	
		6061 铝材	$\phi80\text{mm}\times55\text{mm}$	件	1	
		6061 铝材	$\phi65\text{mm}\times20\text{mm}$	件	1	
		6061 铝材	$\phi25\text{mm}\times45\text{mm}$	件	1	
		6061 铝材	$105\text{mm}\times45\text{mm}\times6\text{mm}$	件	1	

（续）

任务名称		涡轮发动机模型		图号		
二、刀具、量具、工具						
序号	分类	名称	刀片规格	单位	数量	备　注
1	车削参考刀具	外圆车刀	VBMT160404	把	1	
		端面车刀	WNMG080404	把	1	
		外切槽刀	MGMN300－3	把	1	
		外螺纹车刀	16ER1.5 ISO	把	1	
		外圆切槽刀	MRMN300－R1.5	把	1	
		内孔车刀	CCMT09T304	把	1	
		内螺纹车刀	16IR2.0 ISO	把	1	
		内沟槽车刀	MGNVR2016－3	把	1	
	铣削参考刀具	立铣刀	TPE1004T	把	1	
		立铣刀	TPE0804T	把	1	
		立铣刀	TPE0604T	把	1	
		立铣刀	TPE0504T	把	1	
		立铣刀	TPE0404T	把	1	
		球刀	TSB0602	把	1	
		中心钻	A3.0	把	1	
2	量具	游标卡尺	0～150mm	把	1	
		深度卡尺	0～150mm	把	1	
		百分表	0～10mm	只	1	
		外径千分尺	0～25mm	把	各1	406-250
			25～50mm			
			50～75mm			
			75～100mm			

（续）

序号	分类	名称	刀片规格	单位	数量	备　注
2	量具	内测千分尺	12～20mm	把	各1	X_Trene XTH
			50～65mm			
		螺纹塞规	M30×1.5－7H	把	各1	
			M36×1.5－7H			
			M38×1.5－7H			
			M50×1.5－7H			
		螺纹环规	M30×1.5－6g	把	各1	
			M36×1.5－6g			
			M38×1.5－6g			
3	工具	刮刀	圆弧刮刀	把	1	
		垫刀片	0.1～3mm	套	1	
		铜片	0.05～0.1mm	片	若干	

（2）加工工序卡片　见表9-3。

表 9-3　加工工序卡片

加工步骤	刀具	转速/(r/min)	进给量/(mm/min)	切削深度/mm	实物模型	加工分解图
			加工参数			
1. 弹尖圆弧面上铣 6 等分圆弧槽	$R3\text{mm}$ 球头铣刀	2000	350	1		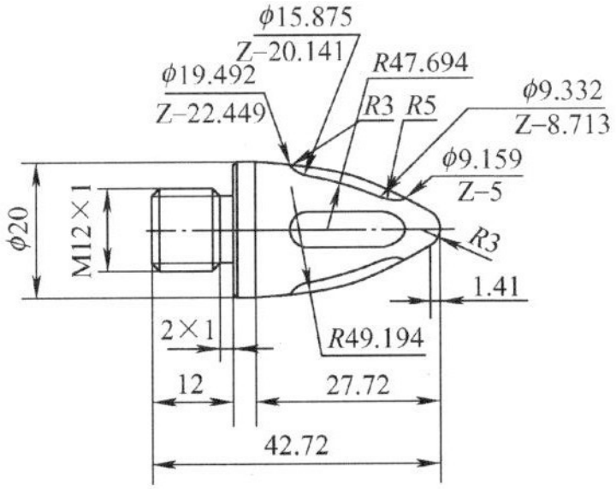
2. 铣叶轮 12 边	$\phi4\text{mm}$ 铣刀	1500	500	1（Z 方向）		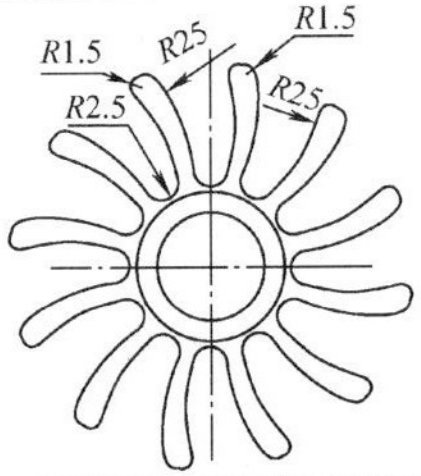
3. 叶轮铣点 $\phi1\text{mm}$、$\phi1.5\text{mm}$、$\phi2\text{mm}$	$\phi2.5\text{mm}$ 中心钻	1000	200	0.5、1、1.5		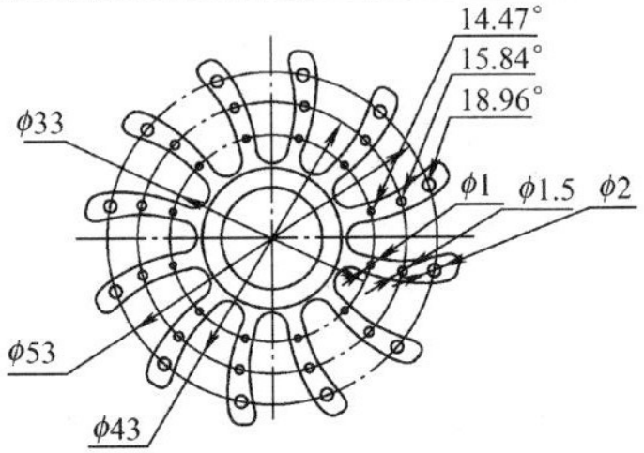

（续）

加工步骤	刀具	加工参数			实物模型	加工分解图
		转速/ (r/min)	进给量/ (mm/min)	切削深度/ mm		
4. 环形花槽端面12等分	φ5mm 铣刀	2000	300	1		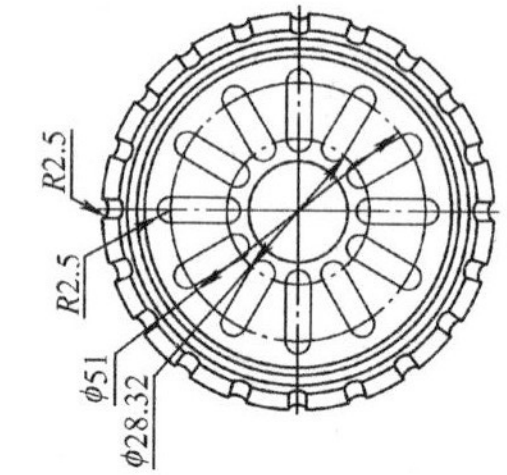
5. 环形花槽外径24等分边线	R3mm 球头铣刀	1000	300	1		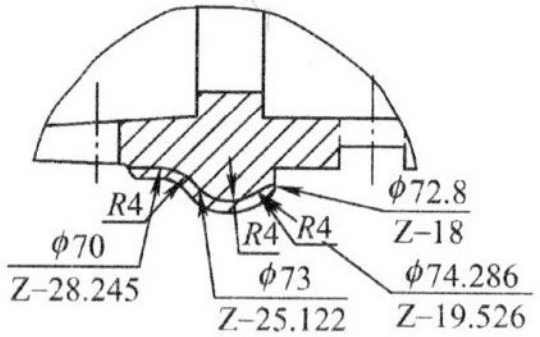
6. 环形花槽外径正弦曲线槽	φ6mm 铣刀	2000	500	1		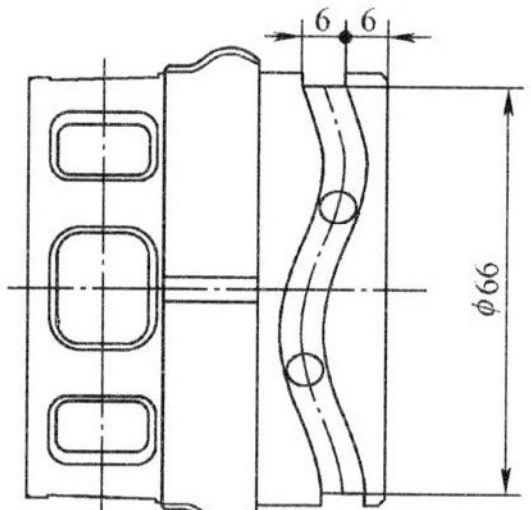

5×φ5

15

10.5

R5

20

φ34

φ39

φ6铣刀

58.79°

29.4°

序号及内容	刀具			
7. 环形花槽外径正弦曲线槽上钻孔	φ5mm 钻头	1500	100  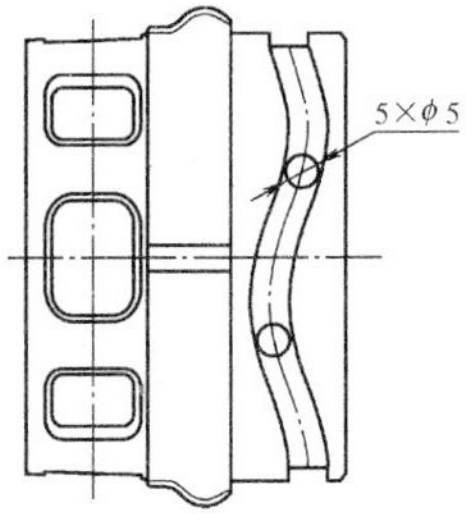	
8. 环形花槽外径 6 等分窗口	φ8mm 铣刀	2000	500	1（X 方向） 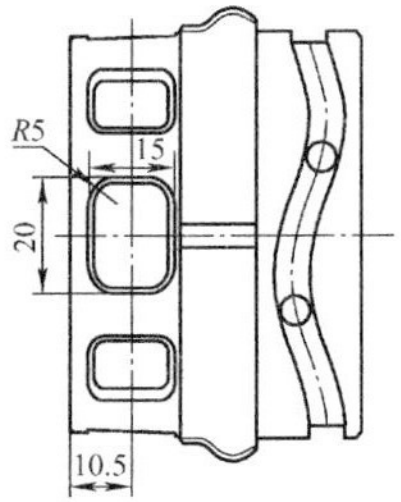
9. 尾翼外径 4 等分圆弧底窗口	φ6mm 铣刀	2000	400	1（X 方向）  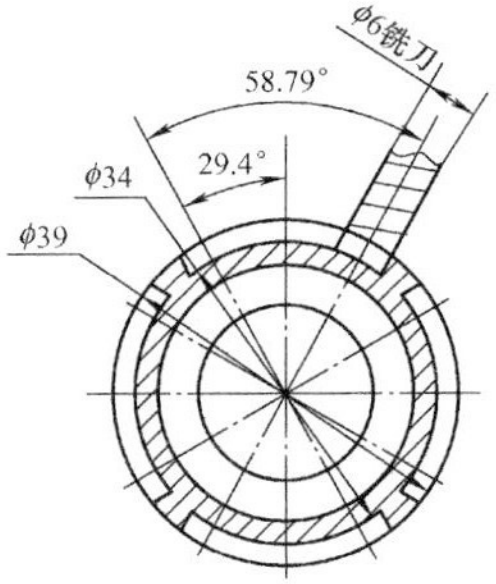

（续）

加工参数

加工步骤	刀具	转速/ (r/min)	进给量/ (mm/min)	切削深度/ mm	实物模型	加工分解图
10. 中轴端面 20 等分圆弧面	φ6mm 铣刀	2000	500	4（Z方向）		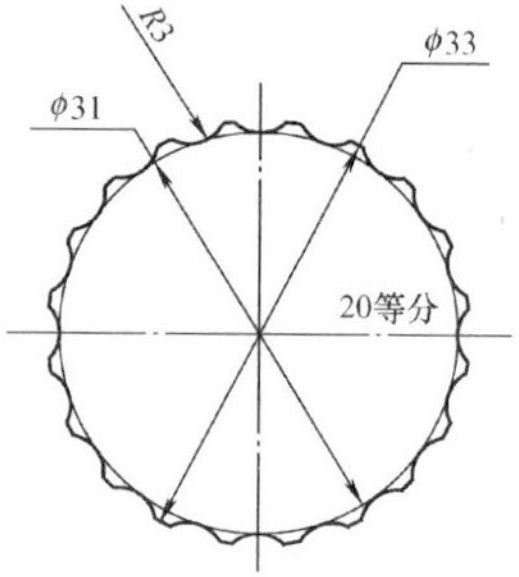
11. 中轴端面 10 边形	φ10mm 铣刀	2000	500	4（Z方向）		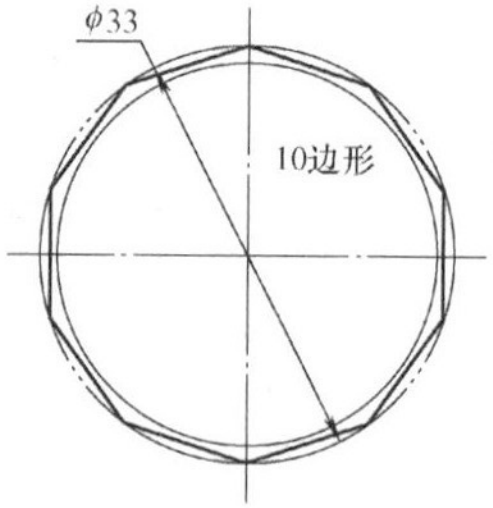

17
8
40
8
19
R2.5
8

120.58
30.14
30.14
30.14
30.14
4
φ38.4

3.5
R9
R10
φ45
43
1.87
24.81
7.82
5
1.5
φ33.97
φ44.51
φ45.7

序号及名称	刀具	转速	进给	循环
12. 中轴径向 8 等分键槽	φ5mm 铣刀	3000	500	2（X 方向）  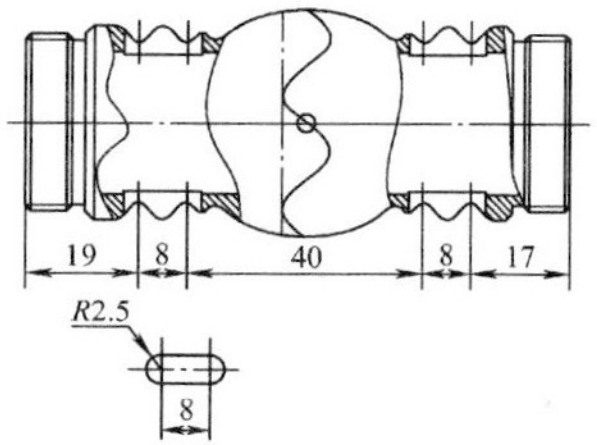
13. 中轴椭圆外径正弦曲线	R3mm 铣刀	3000	600	1（X 方向） 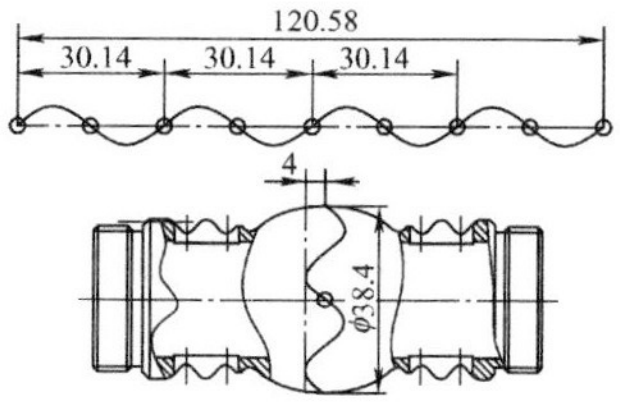
14. 花形衔接件外径 8 等分边线	R3mm 铣刀	3000	400	1（X 方向）  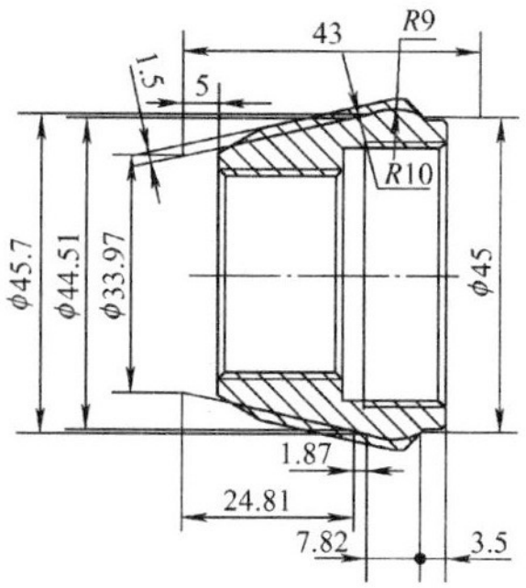

（续）

加工步骤	加工参数					
	刀具	转速/(r/min)	进给量/(mm/min)	切削深度/mm	实物模型	加工分解图
15. 繁花连头端面8边形	φ10mm铣刀	3000	500	3（Z方向）	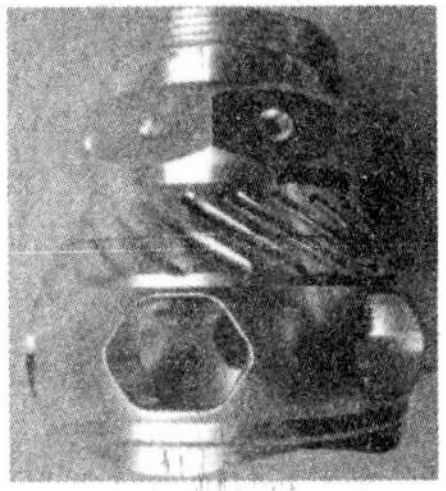	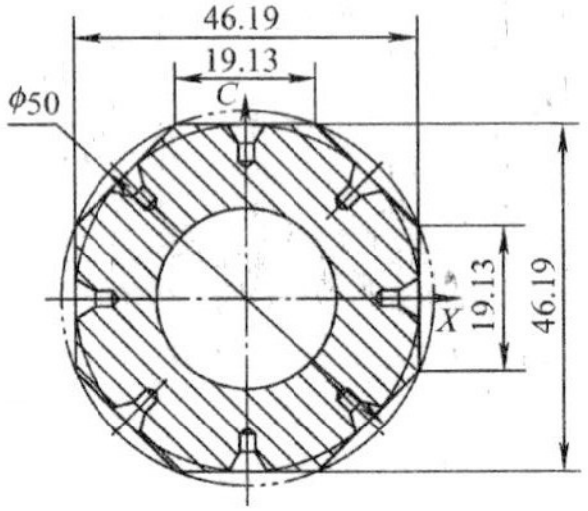
16. 繁花连头8等分中心孔	φ2.5mm中心钻	1500	150			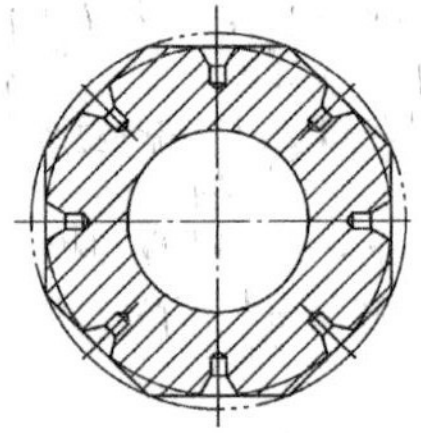
17. 繁花连头锥面斜向40等分	R3mm铣刀	3000	400	0.5（X方向）		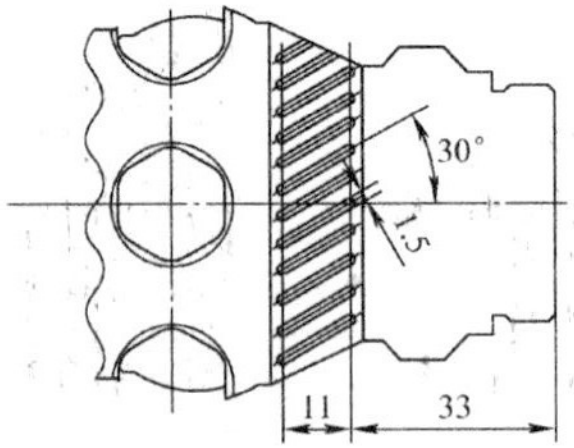

18. 繁花连头圆弧面上五边形五等分	19. 繁花连头边口正弦曲线
φ5mm 铣刀	φ5mm 铣刀
3000	3000
500	500
2（X方向）	2（X方向）

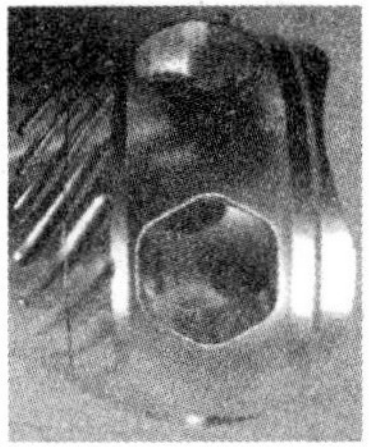

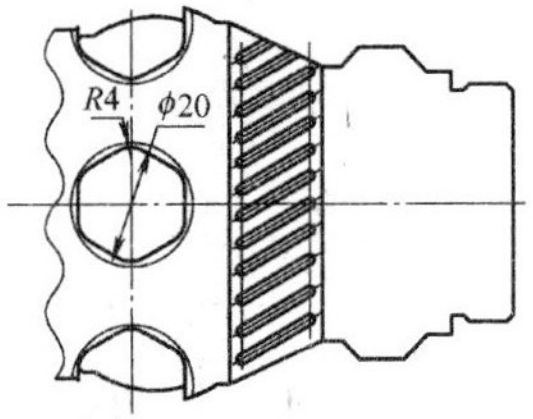

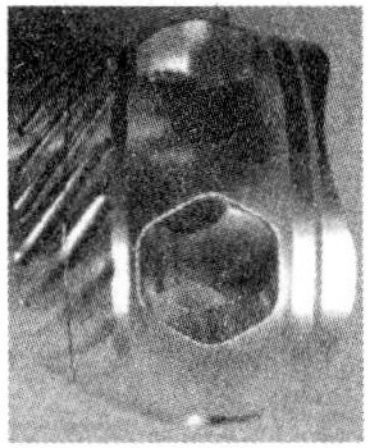

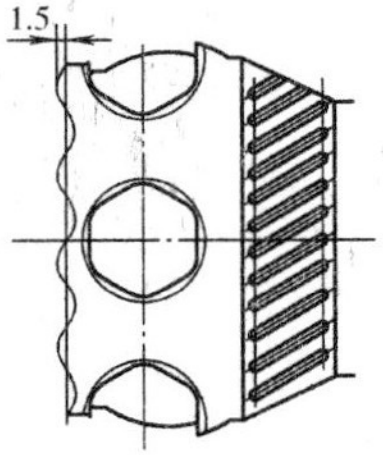

（续）

加工参数

加工步骤	刀具	转速/(r/min)	进给量/(mm/min)	切削深度/mm	实物模型	加工分解图
20. 莲头花洒轴向10等分圆弧线	R3mm铣刀	3000	350	0.5 (Z方向)		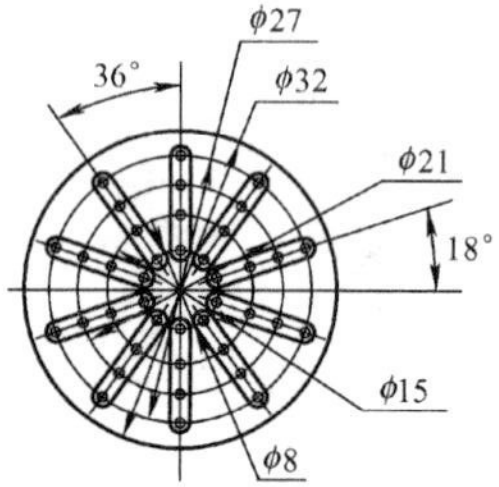
21. 莲头花洒轴向4孔10等分	φ2.5mm中心钻	1500	250	调整		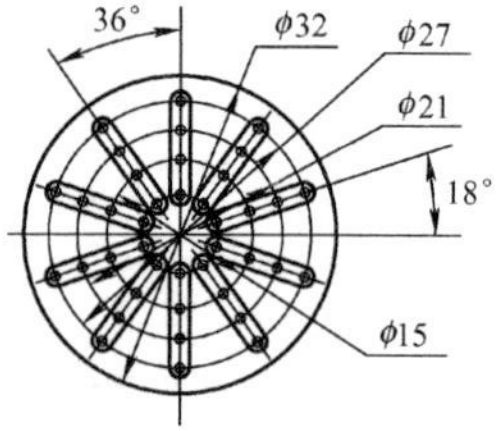
22. 支撑双托孔定位底座铣外形	φ8mm铣刀	3000	500	1 (X方向)	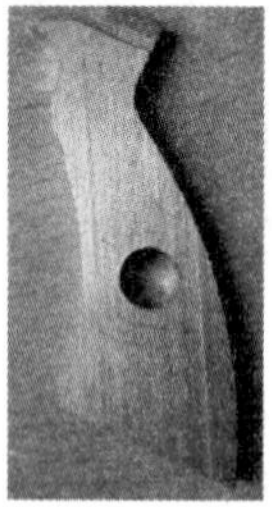	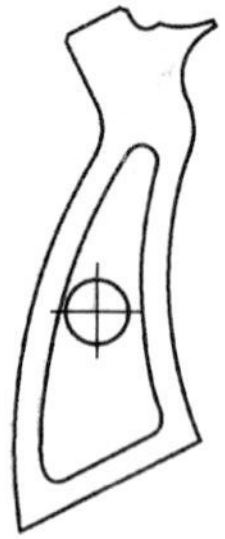

9.2.2 涡轮发动机转动轴——弹尖圆弧槽的编程思路与程序解析

（1）弹尖圆弧面上铣 6 等分圆弧槽装夹方式及加工程序 见表 9-4。

表 9-4 弹尖圆弧面上铣 6 等分圆弧槽装夹方式及加工程序

<table>
<tr>
<td rowspan="2">简易夹具工序图</td>
<td colspan="3">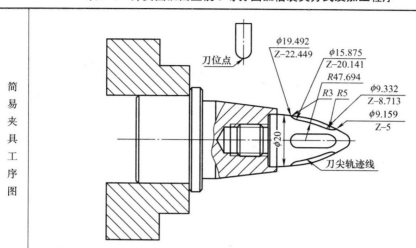</td>
</tr>
<tr>
<td colspan="3">制作简易 M12 内螺纹心轴夹具：内、外螺纹配合，ϕ20mm 外径、内孔配合定位，拧紧工件</td>
</tr>
<tr>
<td rowspan="18"></td>
<td>程序号</td>
<td>程序段</td>
<td>说明</td>
</tr>
<tr>
<td>N10</td>
<td>O0001；</td>
<td>程序名</td>
</tr>
<tr>
<td>N15</td>
<td>G28 U0；</td>
<td>X 轴快速回零安全定位</td>
</tr>
<tr>
<td>N20</td>
<td>T0101；</td>
<td>R3mm 球头铣刀</td>
</tr>
<tr>
<td>N30</td>
<td>G00 Z50；</td>
<td>快速定位至安全点</td>
</tr>
<tr>
<td>N40</td>
<td>X25 Z-5；</td>
<td>定位加工循环起始点</td>
</tr>
<tr>
<td>N50</td>
<td>M23；</td>
<td>启动主轴 C 轴分度回转功能</td>
</tr>
<tr>
<td>N60</td>
<td>G28 H0；</td>
<td>主轴 C 轴回零</td>
</tr>
<tr>
<td>N70</td>
<td>M51 S2000 P3；</td>
<td>启动第三轴径向动力头，转速为 2000r/min</td>
</tr>
<tr>
<td>N80</td>
<td>#1 = 0；</td>
<td>起始角度变量定义</td>
</tr>
<tr>
<td>N90</td>
<td>#2 = 300；</td>
<td>终止角度变量定义</td>
</tr>
<tr>
<td>N100</td>
<td>WHILE［#1LE#2］DO 1；</td>
<td>条件判别"#1LE#2"执行</td>
</tr>
<tr>
<td>N110</td>
<td>G00 C［#1］；</td>
<td>C 轴快速定位到变量起始角度值</td>
</tr>
<tr>
<td>N120</td>
<td>G98 G01 X9.159 Z-5 F150；</td>
<td rowspan="4">每分钟进给加工圆弧面上圆弧轨迹曲线，刀尖轨迹线直接编程，此处不需要 G107 圆柱插补功能</td>
</tr>
<tr>
<td>N130</td>
<td>G02 X9.332 Z-8.713 R5；</td>
</tr>
<tr>
<td>N140</td>
<td>G03 X15.875 Z-20.141 R47.694；</td>
</tr>
<tr>
<td>N150</td>
<td>G02 X19.492 Z-22.449 R3；</td>
</tr>
<tr>
<td>N160</td>
<td>G00 X25；</td>
<td rowspan="2">定位回复到循环起始点（利用宏程序多段循环加工时，轮廓线以封闭方式编程，容易实现加工）</td>
</tr>
<tr>
<td>N170</td>
<td>Z-5；</td>
</tr>
</table>

（续）

	程序号	程序段	说明
加工程序	N180	#1 = #1 + 60;	变量等分（6 等分）
	N190	END 1;	宏程序条件判别执行结束
	N200	G28 U0 H0;	X 轴回零，C 轴回零
	N210	G00 Z50;	Z 方向快速返回定位
	N220	M24;	取消 C 轴回转分度功能
	N230	M55;	动力头旋转停止
	N240	M30;	程序结束

注：1. 能利用格式、举一反三、变换 N120 ~ N170 程序段完成其他形状零件的加工。

2. 思考如果 X 方向需要大的切削深度，如何利用宏程序粗加工排刀。

（2）小结

1）了解车削中心的加工特点、加工范围和加工类型。

2）熟悉不同设备的操作方法。

3）了解其他类似设备的编程指令及编程方法。

4）编程过程中利用宏程序可简化加工程序段，简洁地实现一般的零件加工。

5）设计制作简易小心轴及夹具，可方便零件的装夹和拆卸，能完成成批生产的定位加工形式，同时注意零件装夹后心轴与动力头的干涉情况。

6）编程思路：先编写核心单层外形轮廓圆弧封闭轨迹线，利用宏程序嵌套来进行圆周分度。没有宏程序嵌套的过程，分度一次；单层外形轮廓圆弧封闭轨迹线执行一次，再分度一次，单层外形轮廓圆弧封闭轨迹线再执行一次，程序段会比较多，不方便编程。

（3）习题　如图 9-6 所示，要求：

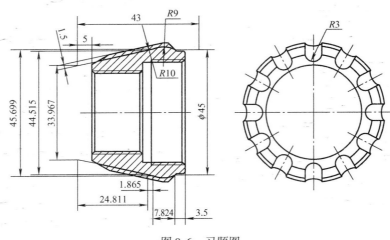

图 9-6　习题图

1）设计制作简易外螺纹小心轴夹具，内、外螺纹旋合端面贴合，拧紧工件。要求该夹具能完成成批生产的定位加工形式。

2）利用简单指令编写零件的外斜线圆弧轮廓线，利用宏程序圆周等分线型轮廓程序。

9.2.3　涡轮发动机转动轴——叶轮铣边的编程思路与程序解析

（1）铣叶轮 12 边装夹方式及加工程序　见表 9-5。

表 9-5　铣叶轮 12 边装夹方式及加工程序

简易夹具工序图	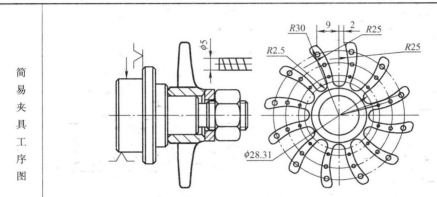
	制作简易 M12 螺纹心轴夹具：工件内孔与心轴外径、孔轴配合定位，外螺纹轴向夹紧装夹工件。轴向铣刀直径为 $\phi5mm$

	程序号	程序段	说明
加工程序	N10	O0002；	程序名
	N20	T0202；	轴向 $\phi5mm$ 铣刀
	N30	G00 Z50；	快速定位至安全点
	N40	X80 Z5；	工件端面为定位零点
	N50	M23；	启动主轴 C 轴分度回转功能
	N60	G28 H0.；	主轴 C 轴回零
	N70	M54 S2000 P3；	启动第三轴轴向动力头，转速为 2000r/min
	N80	#3 = 0；	起始角度变量定义
	N90	#4 = 330；	终止角度变量定义
	N100	WHILE［#3LE#4］DO 2；	条件判别 "#3LE#4" 执行
	N110	G00 C［#3］；	C 轴快速定位到变量起始角度值
	N120	G98 G01 G112；	1. 每分钟进给
	N130	#1 = -6；	2. G112 极坐标插补，注意内部编程不得出现 G00 快速指令
	N140	#2 = -12.；	
	N150	WHILE［#1GE#2］DO 1；	3. Z 方向加工深度变量计算

（续）

程序号		程序段	说明
加工程序	N160	G01 X80. H0 F5000. ;	X：直径方向编程，X（40＊2）= X80 H：C 轴的相对坐标 G42：刀尖圆弧半径右补偿 G02：顺时针圆弧插补 G03：逆时针圆弧插补 利用宏程序多段循环加工时，以轮廓线封闭方式编程，容易实现加工，下图为手工编程规划封闭轮廓线图形及尺寸标注 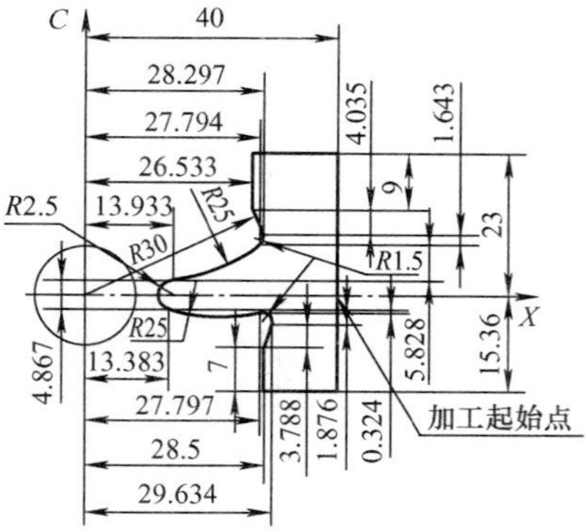
	N170	G01 Z［#1］F100. ;	
	N180	G42 G01 H − 15.36 F500. ;	
	N190	X57. ;	
	N200	H7. ;	
	N210	X59.264 H3.788 ;	
	N220	G03 X55.594 H1.876 R1.5 ;	
	N230	G02 X26.766 H0.324 R25. ;	
	N240	G02 X27.866 H4.867 R2.5 ;	
	N250	G03 X55.704 H5.828 R25. ;	
	N260	G03 X56.594 H1.643 R1.5 ;	
	N270	G03 X53.066 H4.035 R30. ;	
	N280	G01 H9. ;	
	N290	X80. ;	
	N300	H − 23. ;	
	N310	#1 = #1−2. ;	Z 方向加工深度变量计算，每刀 2mm
	N320	END 1;	
	N330	G40 G01 X80. F5000. ;	G112 极坐标插补内不能有 G00 指令，使用加大插补进给量实现快速移动
	N340	Z［#1＋1］;	与前一加工面退出 1mm
	N350	G113;	取消极坐标插补
	N360	#3 = #3 + 30. ;	每等分为 30°
	N370	END 2;	宏程序条件判别执行结束
	N380	G28 U0. H0. ;	X 轴回零，C 轴回零
	N390	G00 Z50. ;	Z 方向快速返回定位
	N400	M24;	取消 C 轴回转分度功能
	N410	M55;	动力头旋转停止
	N420	M30;	程序结束

（2）小结

1）C 轴分度插补旋转进给，速度是角速度，不同于常规线性进给方式。

2）X表示直径编程。

3）Z表示没有半径（直径），只确定深度。

4）轴向铣削：端面轴向采用G112/G113指令，极坐标、节点计算、坐标点必须以中心为基准。

5）刀尖半径为2.5mm，手工编程时刀尖补偿方位号为9号，铣刀的中心为零点。注意，方位号不能为"0"。

6）指令G41、G42、G40中，G41、G42同段不进行补偿，移动距离来消除刀具半径。

7）G112～G113之间的程序中不能有G00指令；G112与G113、G41/G42与G40都必须成对使用。

8）设计制作简易小心轴及夹具，内孔定位，端面螺纹压紧，可方便零件的装夹和拆卸，能完成成批生产定位加工形式，同时注意刀具有效加工长度，以及端面压紧螺母与动力头的干涉。

9）编程思路：先编写核心极坐标端面形状轮廓封闭轨迹线，利用宏程序嵌套来进行圆周分度。

（3）习题　如图9-7所示，要求：

1）组合后完成零件两端外形编程。

2）设计制作简易小心轴及夹具，内孔定位，端面螺纹压紧，方便零件的装夹和拆卸。要求该夹具能完成成批生产的定位加工形式，加工完成一端面后，更换方向便可进行另一端的加工。

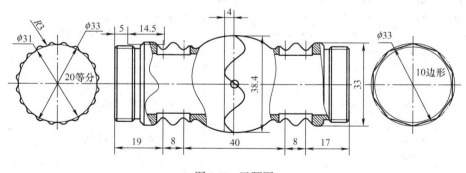

图9-7　习题图

9.2.4　涡轮发动机转动轴——叶轮钻点的编程思路与程序解析

（1）叶轮钻点 ϕ1mm、ϕ1.5mm、ϕ2mm 装夹方式及加工程序　见表9-6。

表 9-6　叶轮钻点 ϕ1mm、ϕ1.5mm、ϕ2mm 装夹方式及加工程序

简易夹具工序图

制作简易 M12 螺纹心轴夹具：工件内孔与心轴外径、孔轴配合定位，外螺纹轴向夹紧装夹工件。轴向中心钻加工点孔

程序号	程序段	说明
N10	O0003 ;	程序名
N20	T0303 ;	轴向 ϕ3mm 中心钻
N30	G00 Z50 ;	快速定位至安全点
N40	X80 Z−5 ;	工件端面为定位零点
N50	M23 ;	启动主轴 C 轴分度回转功能
N60	G28 H0. ;	主轴 C 轴回零
N70	M54 S2000 P3 ;	启动第三轴轴向动力头，转速 3000r/min
N80	#1 = 0 ;	起始角度变量定义
N90	#2 = 330 ;	终止角度变量定义
N100	WHILE［#1 LE #2］DO 1 ;	条件判别 "#1 LE #2" 执行
N110	G98G83 X33 Z−5 C［#1 + 14.47］F100 ;	1. 轴向钻孔循环指令
N120	X43 Z−5.5 C［#1 + 15.84］;	
N130	X53 Z−6 C［#1 + 18.96］;	2. 宏程序变量计算 12 等分位置
N140	G80 ;	
N150	#1 = #1 + 30 ;	12 等分三孔
N160	END 1 ;	宏程序条件判别执行结束
N170	G00 Z50. ;	Z 方向快速返回定位
N180	G28 U0. H0. ;	X 轴回零，C 轴回零
N190	M24 ;	取消 C 轴回转分度功能
N200	M55 ;	动力头旋转停止
N210	M30 ;	程序结束

加工程序

（2）小结

1）使用轴向刀具加工零件的钻孔循环在对刀时，利用刀具外径与工件外圆的表面，通过试切法，或刀具和工件静止，通过塞尺，控制刀具直径与工件外径的间隙调整来完成径向对刀。使用塞尺不会破坏已加工表面，对刀测量值 = 工件外径 + 2 倍的塞尺厚度 + 中心钻直径。

2）钻削孔直径的大小在程序中逐渐调整钻削深度，直到达到孔径要求。

3）孔位置点可以通过直径值及角度值确定孔的位置，也可采用 G112 极坐标方式编程 X、C 坐标确定钻孔点位。

（3）习题　如图9-8所示，要求：

1）完成圆弧花洒槽内轴向钻孔。

2）加工思路：设计自制开口夹套，直接装夹在左端外径处，成批生产定位及保护工件外径免受装夹破坏。

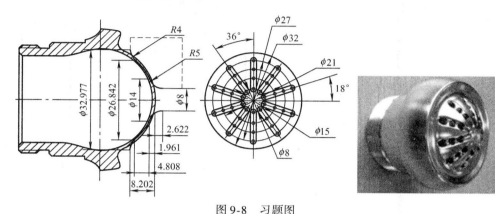

图 9-8　习题图

9.2.5　涡轮发动机转动轴——环形花槽端面的编程思路与程序解析

环形花槽加工零件图和三维效果图分别如图9-9和图9-10所示。

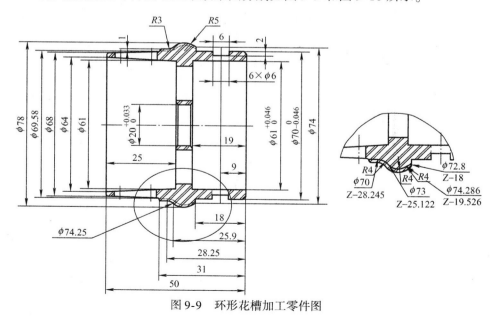

图 9-9　环形花槽加工零件图

图 9-10　环形花槽三维效果图

（1）环形花槽端面 12 等分装夹方式及加工程序　见表 9-7。

表 9-7　环形花槽端面 12 等分装夹方式及加工程序

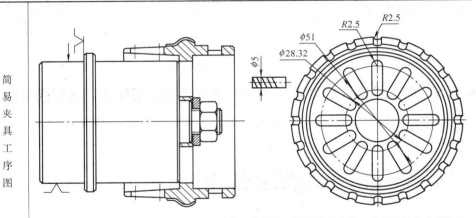

简易夹具工序图	制作简易 M12 螺纹心轴夹具：工件内孔与心轴外径、孔轴配合定位，外螺纹轴向夹紧装夹工件。注意螺母与轴向刀具的干涉		
	程序号	程序段	说明
加工程序	N15	O0004 ;	程序名
	N20	T0303 ;	ϕ5mm 铣刀
	N30	G00 X51 Z2 ;	快速定位至安全点
	N40	M23 ;	启动主轴 C 轴分度回转功能
	N50	G28 H0 ;	主轴 C 轴回零
	N60	G01 Z−17. F500. ;	快速定位到起始加工位
	N70	M54 S2000 P3 ;	启动第三轴轴向动力头，转速 2000r/min
	N80	#1 = 0 ;	起始角度变量定义
	N90	#2 = 330 ;	终止角度变量定义

（续）

	程序号	程序段	说明
加工程序	N100	WHILE［#1LE#2］DO 1；	条件判别“#1LE#2”执行
	N110	G98 G00 C［#1］；	*C* 轴快速定位到变量起始角度值
	N120	#3 = －19；	加工深度（*Z* 方向范围）
	N130	#4 = －26；	
	N140	WHILE［#3GE#4］DO 2；	条件判别“#3GE#4”执行
	N150	G00 X51.；	1. 每分钟进给加工，刀尖轨迹线直接编程，此处不需要端面极坐标插补功能 G112 及 G113 2. 定位回复到循环起始点（利用宏程序多循环段加工时，轮廓线以封闭方式编程，容易实现加工） 3. 变量等分（12 等分） 4. 宏程序条件判别执行结束
	N160	G98 G01 Z[#3] F100.；	
	N170	X28.32 F500.；	
	N180	Z-17.；	
	N190	X51.；	
	N200	#3 = #3-0.5；	*Z* 轴方向每次切削深度
	N210	END 2；	条件 2 循环判别结束
	N220	#1 = #1 +30；	圆周等分相对等分角度 30°
	N230	END 1；	条件 1 循环判别结束
	N240	G00 Z50.；	*Z* 方向快速返回定位
	N250	G28 H0 U0；	返回参考点
	N260	M24；	取消 *C* 轴回转分度功能
	N270	M55；	动力头旋转停止
	N280	M30；	程序结束

（2）小结

1）轴向铣刀加工零件的端面槽在对刀时，利用刀具外径与工件外圆的表面，通过试切法，或刀具和工件静止，通过塞尺，控制刀具直径与工件外径的间隙调整来完成径向对刀。使用塞尺不会破坏已加工表面，对刀测量值 = 工件外径 +2 倍的塞尺厚度 + 中心钻直径。

2）槽宽与铣刀直径一样大时，可直接成形铣削，编程时只要按直线式编写即可完成加工程序。如果选择刀具直径小于槽宽，要通过 G112 极坐标方式编程 X、C 坐标进行轮廓编程，同时要选用刀尖圆弧半径补偿编程，以便控制轮廓的正确性。

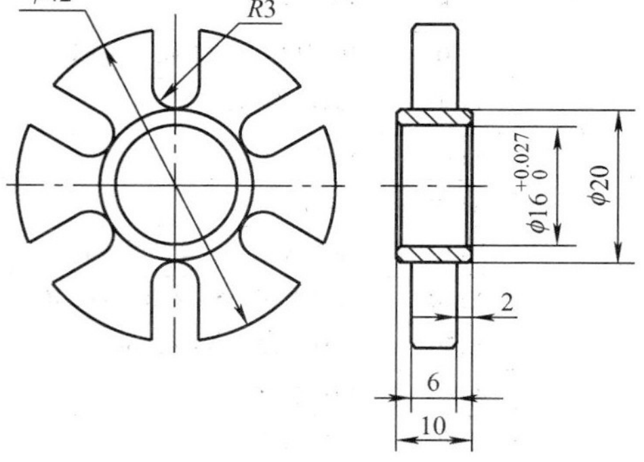

图 9-11　习题图

（3）习题　如图 9-11 所示，要求：

1）完成圆弧花槽的铣削，选用 φ6mm 铣刀进行加工。

2）加工思路：设计螺纹心轴，与孔轴配合定位，螺纹轴向压紧，可完成批量生产。

9.2.6 涡轮发动机转动轴——环形花槽外径的编程思路与程序解析

（1）环形花槽外径24等分边线装夹方式及加工程序　见表9-8。

表9-8　环形花槽外径24等分边线装夹方式及加工程序

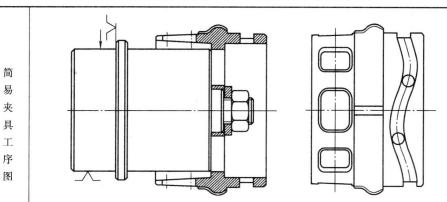

简易夹具工序图	制作简易 M12 螺纹心轴夹具：工件内孔与心轴外径、孔轴配合定位，外螺纹轴向夹紧装夹工件。注意螺母与轴向刀具的干涉		
	程序号	程序段	说明
加工程序	N20	O0003 ;	程序名
	N30	T0303 ;	球头铣刀 R3mm
	N40	G00 X80 Z-15 ;	快速定位至安全点
	N50	M23 ;	启动主轴 C 轴分度回转功能
	N60	G28 H0 ;	主轴 C 轴回零
	N70	M51 S2000 P3 ;	启动第三轴径向动力头，转速 2000r/min
	N80	#1 = 0. ;	起始角度变量定义
	N85	#2 = 360. ;	终止角度变量定义
	N90	WHILE [#1LE#2] DO 1 ;	条件判别 "#1LE#2" 执行
	N100	G00 C [#1] ;	C 轴快速定位到变量起始角度
	N110	G01 X70. F200. ;	1. 每分钟进给加工圆弧面上圆弧曲线，刀尖轨迹线直接编程，此处不需要 G107 圆柱插补功能 2. 定位回复到循环起始点（利用宏程序多段循环加工时，轮廓线以封闭方式编程，容易实现加工）
	N120	Z-21. 755 ;	
	N130	G02 X73. Z-24. 878 R4. ;	
	N140	G03 X74. 286 Z-30. 474 R4. ;	
	N150	G02 X72. 8 Z-32. R4. ;	
	N160	G01 Z-35. ;	
	N170	G00 X80. ;	
	N180	Z-15. ;	

（续）

程序号	程序段	说明
加工程序 N190	#1 = #1 + 18. ；	变量等分（20 等分）
N200	END 1 ；	宏程序条件判别执行结束
N210	G28 U0. H0 ；	X 轴回零，C 轴回零
N220	G00 Z50. ；	Z 方向快速返回定位
N230	M55 ；	取消 C 轴回转分度功能
N240	M24 ；	动力头旋转停止
N250	M30 ；	程序结束

（2）小结　编程时，轮廓线按常规车削编程指令 G00、G01、G02、G03 精加工编写外形轮廓线，必须实现封闭式刀具轨迹。

（3）习题　如图9-12所示，完成径向圆弧直槽铣削，选用 $\phi6mm$ 铣刀进行加工。

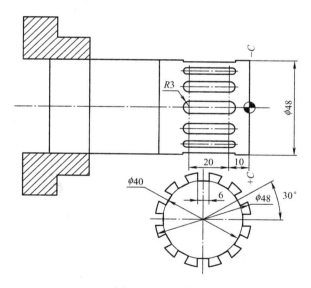

图 9-12　习题图

9. 2. 7　涡轮发动机转动轴——环形花槽外径正弦曲线槽的编程思路与程序解析

（1）环形花槽外径正弦曲线槽装夹方式及加工程序　见表 9-9。

表 9-9　环形花槽外径正弦曲线槽装夹方式及加工程序

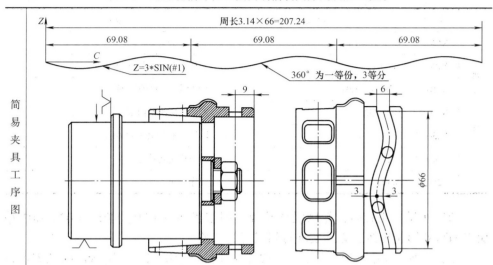

<table>
<tr><td rowspan="9">简易夹具工序图</td></tr>
</table>

制作简易 M12 螺纹心轴夹具：工件内孔与心轴外径、孔轴配合定位，外螺纹轴向夹紧装夹工件。注意螺母与轴向刀具的干涉

	程序号	程序段	说明
	N15	O0004 ;	程序名
	N20	T0202 ;	径向 φ6mm 铣刀
	N30	G00 X85. ;	X 轴快速回零，安全定位
	N40	Z–9.	Z 轴快速定位至加工起始位置
	N50	M23 ;	启动主轴 C 轴分度回转功能
	N60	G28 H0. ;	主轴 C 轴回零
	N70	M51 S2000 P3 ;	启动第三轴径向动力头，转速 2000r/min
	N80	#4 = 0. ;	起始角度变量定义
加	N90	#5 = 240. ;	终止角度变量定义
工	N100	WHILE ［#4LE#5］ DO 2 ;	条件判别"#1LE#2"执行
程	N110	G00 C ［#4］ ;	C 轴快速定位到变量起始角度
序	N120	X72. ;	X 轴定位到加工起始位置
	N130	G98 G01 X66. F200. ;	每分钟进给切削
	N140	#1 = 0. ;	起始角度变量定义
	N150	#2 = 360. ;	终止角度变量定义
	N160	WHILE ［#1LE#2］ DO 1 ;	条件判别"#1LE#2"执行
	N170	#3 = 3 * SIN［#1］ ;	Z 方向正弦曲线方程式
	N180	G01 Z［#3–41.］ C ［#1/3 + #4］ F200. ;	执行加工正弦曲线槽
	N190	#1 = #1 + 1. ;	角度等分精度
	N200	END 1 ;	宏程序条件判别执行结束
	N230	#4 = #4 + 120. ;	变量等分（3 等分）

（续）

程序号	程序段	说明
N240	END 2；	宏程序条件判别执行结束
N250	G28 U0. H0	X 轴回零，C 轴回零
N260	G00 Z50. ；	Z 方向快速返回定位
N270	M55；	取消 C 轴回转分度功能
N280	M24；	动力头旋转停止
N290	M30；	程序结束

（左侧合并单元格：加工程序）

（2）小结

1）设计制作简易小心轴及夹具，内孔定位，端面螺纹压紧，可方便零件的装夹和拆卸，能完成成批生产的定位加工形式，但要注意刀具的有效加工长度，以及端面压紧螺母与动力头的干涉。

2）编程思路：先编写核心极坐标端面形状轮廓封闭轨迹线，然后利用宏程序嵌套来进行圆周的分度。

（3）习题　如图 9-13 所示，要求：

1）完成组合后零件中部的正弦曲线。

2）设计制作简易小心轴及夹具，内孔定位，端面螺纹压紧，方便零件装夹和拆卸，且能完成成批生产的定位加工形式。

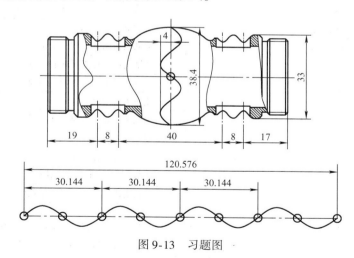

图 9-13　习题图

9.2.8　涡轮发动机转动轴——环形花槽外径正弦曲线槽上钻孔的编程思路与程序解析

（1）环形花槽外径正弦曲线槽上钻孔装夹方式及加工程序　见表 9-10。

表 9-10　环形花槽外径正弦曲线槽上钻孔装夹方式及加工程序

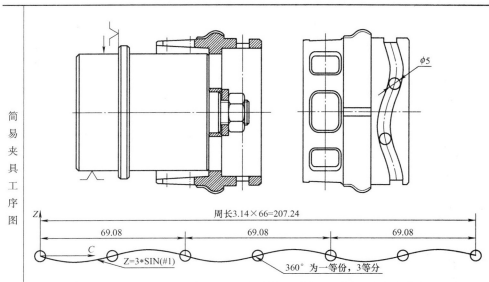

周长3.14×66=207.24

69.08　　69.08　　69.08

Z=3*SIN(#1)　　360° 为一等份，3等分

制作简易 M12 螺纹心轴夹具：工件内孔与心轴外径、孔轴配合定位，外螺纹轴向夹紧装夹工件。注意螺母与轴向刀具的干涉

程序号	程序段	说明
N10	O0005；	程序名
N15	T0202；	径向 φ5mm 钻头
N20	G00 X80.；	X 轴快速回零，安全定位
N30	Z-9.；	Z 轴定位至加工循环起始点
N40	M23；	启动主轴 C 轴分度回转功能
N50	G28 H0.；	主轴 C 轴回零
N70	M51 S2000 P3；	启动第三轴径向动力头，转速 2000r/min
N80	#4 = 0.；	起始角度变量定义
N90	#5 = 240.；	终止角度变量定义
N100	WHILE［#4LE#5］DO 2；	条件判别 "#4LE#5" 执行
N110	G00 C［#4］；	C 轴快速定位到变量起始角度
N120	X72.；	1. 每分钟进给加工圆弧面上圆弧曲线，刀尖轨迹线直接编程，此处不需要 G107 圆柱插补功能 2. G87 径向钻孔循环指令及宏程序嵌套实现零件钻孔加工
N130	#1 = 0.；	
N140	#2 = 360.；	
N150	WHILE［#1LE#2］DO 1；	
N160	#3 = 3 * SIN［#1］；	
N170	G98 G87 X55 Z［#3-41.］C［#1/3. + #4］F100；	
N180	G80；	循环指令结束
N190	#1 = #1 + 180.；	变量等分（6 等分）

（续）

	程序号	程序段	说明
加工程序	N200	END 1；	宏程序条件判别执行结束
	N210	#4 = #4 + 120.；	角度变量（3 等分）
	N220	END 2；	宏程序条件判别执行结束
	N230	G28 U0 H0；	X 轴回零，C 轴回零
	N240	G00 Z50.；	Z 方向快速返回定位
	N250	M55；	取消 C 轴回转分度功能
	N260	M24；	动力头旋转停止
	N270	M30；	程序结束

（2）小结

1）通过正弦曲线公式转换计算径向钻孔定位点，也可通过图形观察钻点，Z 方向一致，角度 6 等分均布，确定钻孔定位点的位置。

2）加工径向零件特征对刀时，利用刀具外径与工件端面，可通过试切法，或刀具和工件静止，通过塞尺，控制刀具直径与工件端面的间隙调整来完成长度方向的对刀，使用塞尺不会破坏已加工表面，对刀测量值 = 工件外径直径 + 塞尺厚度。

3）注意设计心轴的长度，避免径向动力头最大外径与心轴、卡盘的干涉。

4）定位点也可采用常规定位点坐标值（Z，C）确定位置，X 坐标直径方向是最终加工到的深度位置。

（3）习题　如图 9-14 所示，用 φ5mm 钻头对 30 × φ5mm 径向孔进行加工。

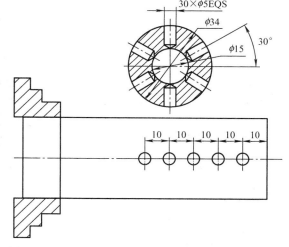

图 9-14　习题图

9.2.9 涡轮发动机转动轴——环形花槽外径 6 等分窗口的编程思路与程序解析

（1）环形花槽外径 6 等分窗口装夹方式及加工程序　见表 9-11。

表 9-11　环形花槽外径 6 等分窗口装夹方式及加工程序

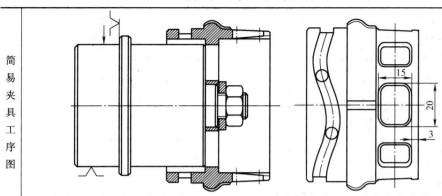

	简易夹具工序图	制作简易 M12 内螺纹夹具：内外螺纹与 φ20mm 外径内孔配合定位夹紧

	程序号	程序段	说明
加工程序	N10	O0002；	程序名
	N15	M98 P6000；	X 轴快速回零，安全定位
	N20	T0202；	径向 φ5mm 铣刀
	N30	G00 X75. Z5. ；	快速定位至安全点
	N40	Z–10.5 ；	轮廓中心为加工循环起始点
	N50	M23；	启动主轴 C 轴分度回转功能
	N60	G28 H0. ；	主轴 C 轴回零
	N70	G19 G00 C0. ；	Z、C 坐标定义，快速定位至 0°
	N75	M51 S2000 P3；	启动第三轴径向动力头，转速 2000r/min
	N80	G98 G01 G107 C35；	定义起始加工圆柱基准直径，C35 取半径值
	N90	#3 = 0；	起始角度变量定义（角度 0°～300°）
	N100	WHILE ［#3LE300］DO 2；	终止角度变量定义
	N110	G01C ［#3］F5000. ；	采用加大进给方式移动定位
	N140	#1 = 66. ；	加工深度变量起始定义
	N150	#2 = 60. ；	加工深度终止变量定义
	N160	WHILE ［#1GE#2］DO 1；	条件判别 "#1GE#2" 执行
	N170	G01 X［#1］F200. ；	每次 X 轴深度变量变换
	N180	G41 Z–3	圆周角 H（H 为 C 值相对坐标）
	N190	G41 H8. 19；	$H = ［线长/(3.14 × 工件直径)］× 360°$
	N195	G03 H8. 19 Z–8. R5. ；	$= (线长/周长) × 360°$
	N198	G01 Z–13；	$H = ［5/(3.14 × 70)］× 360° = 8.19°$
	N200	G03 H–8. 19 Z–18. R5. ；	
	N201	G01 H–16. 38；	
	N210	G03 H–8. 19 Z–13. R5. ；	
	N220	G01 Z–8. ；	
	N230	G03 H8. 19 Z–3. R5. ；	
	N240	G01 H8. 19；	
	N250	G01 Z–10. 5 ；	

（续）

	程序号	程序段	说明
加工程序	N260	G40 G01 X72. F5000.;	（圆周投影面展开图）
	N270	#1 = ##1−2.;	刀具从矩形轮廓线中心点位开始加工，逐渐消除补偿刀具半径，进行轮廓加工
	N280	END 1;	
	N290	#3 = #3 + 60.;	角度变量（6 等分）
	N300	END 2;	宏程序条件判别执行结束
	N310	G107 C0.;	取消圆柱插补
	N320	G28 U0.;	X 轴回零，C 轴回零
	N330	G00 Z50.;	Z 方向快速返回定位
	N340	M24;	取消 C 轴回转分度功能
	N350	M55;	动力头旋转停止
	N360	M30;	程序结束

（2）小结

1）用动力头和 C 轴进行加工的格式（图 9-15）：

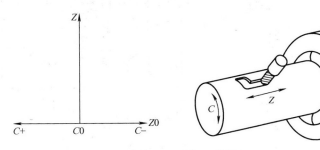

图 9-15　圆柱面插补

在此方式下，C 轴的单位为（°）。

2）编程基本格式：

T __;	指定刀位及刀补
X __ Z __ M23;	起点及启用 C 轴
G97 S __ M53（M54）P3;	设定动力头转速及方向
G19 C0.;	C 轴定位到 0°
G01 G107 C（工件半径）;	启用圆柱面插补
C __ F __;	在刀尖半径补偿前重新定位
G41（G42）X __ Z __ F __;	使用刀尖半径补偿需要一段空运行

加工部分的程序

X __ 或 Z __ F __;	刀具退出工件
G40 U __;	取消刀尖半径补偿
G107 C0.;	取消极坐标插补

G18;	选择 XZ 平面
M24;	关闭 C 轴
M55;	动力头停止

注意：在 G107 有效时能使用的 G 代码为 G1、G2、G3、G40、G41、G42、G65 及 G98，G0 不能使用。当使用刀具半径补偿时其象限号为 9 号。G2（或 G3）使用时用圆弧半径 R 字符编程。

（3）习题　如图 9-16 所示，要求：

1）组合后完成零件 8 边形、斜线槽、径向五边形及端面正弦曲线花边的加工。

2）设计制作简易小心轴及夹具，内孔定位，端面螺纹压紧，方便零件装夹和拆卸，并能完成成批生产的定位加工形式。

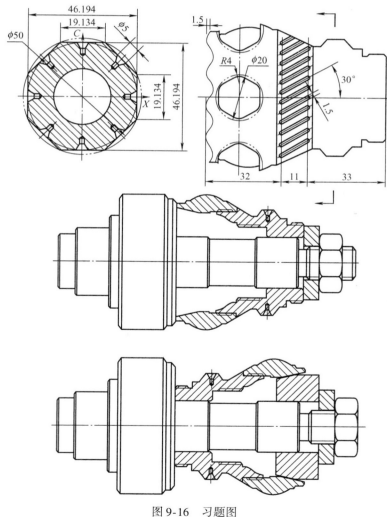

图 9-16　习题图

9.2.10　涡轮发动机转动轴——繁花连头钻中心孔的编程思路与程序解析

（1）繁花连头钻中心孔装夹方式及加工程序　见表 9-12。

表 9-12　繁花连头钻中心孔装夹方式及加工程序

简易夹具工序图	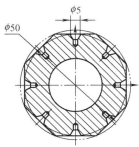
	根据上图加工设计的定位心轴，配合后轴向压紧，编程钻径向中心孔

	程序号	程序段	说明
加工程序	N10	O0010；	程序名
	N15	T0101；	A 型中心钻
	N20	G00 X52.0 Z5.0 M23；	快速定位至安全点，启动主轴 C 轴分度回转功能
	N30	G28 H0.0；	主轴 C 轴回零
	N40	M51 S2000 P3；	启动第三轴径向动力头，转速 2000r/min
	N50	#3 = 0.；	起始角度变量定义
	N60	#4 = 315.；	终止角度变量定义
	N70	WHILE［#3LE#4］DO 2；	条件判别 "#3LE#4" 执行
	N80	G87 X33.5 Z − 23.C［#3］P2000 Q5000 R3.K1.F50.；	径向钻孔循环指令 G87 的应用
	N90	G80；	循环指令结束
	N100	#3 = #3 +45	变量等分（8 等分）
	N110	END 1；	宏程序条件判别执行结束
	N180	G28 U0.；	X 轴回零，C 轴回零
	N190	G00 Z50.；	Z 方向快速返回定位
	N200	M55；	取消 C 轴回转分度功能
	N210	M24；	动力头旋转停止
	N220	M30；	程序结束

（2）小结

1）加工径向零件特征对刀时，利用刀具外径与工件端面，可通过试切法，或刀具和工件静止，通过塞尺，控制刀具直径与工件端面的间隙调整来完成长度方向的对刀，使用塞尺不会破坏已加工表面，对刀测量值 = 工件外径直径 + 塞尺厚度。

2）注意设计心轴的长度，避免径向动力头最大外径与心轴、卡盘的干涉。

3）定位点也可采用常规定位点坐标值（Z，C）确定位置，X 坐标直径方向是最终加工到的深度位置。

（3）习题　如图 9-17 所示，要求：

1）用 $\phi5mm$ 钻头对 $6 \times \phi5mm$、$8 \times \phi5mm$ 径向孔进行加工。

2）要求确认零件 Z 方向自由度的限制，该工件左边装夹时可以以前挡、后挡和利用轴肩台阶限位后，完成批量生产。

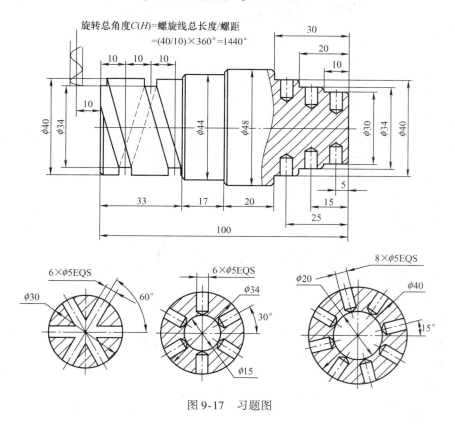

图 9-17　习题图